奇妙知识迷局

我是一个丑八怪

张康 编绘

浙江人民美术出版社

在孩子们的眼中，世界的一切都是新奇的：每一片树叶的背后、每一块石头的下面、每一朵白云的上面，似乎都隐藏着许多神奇的秘密——

"世界上到底有多少种动物？"

"宇宙到底有没有尽头？"

"人类可以建造像珠穆朗玛峰一样高的楼房吗？"

"如何发明一辆会飞的汽车？这样真的就不会堵车了吗？"

"机器人真的会统治人类吗？"

……

孩子拥有的这种打破砂锅问到底的精神，是多么可贵，绝不应该被忽略：当一个人不再对这个世界抱有好奇心的时候，并不意味着他长大了，而只能说明他的心在

　　缓缓地变老，他的精神在慢慢地枯萎。这又是一件多么可怕的事情啊！

　　当你打开这套书的时候，别怪我没有提醒你——那美如画的自然杰作；那蕴藏着无数宝藏的神秘海洋；那让人大开眼界的奇特动物；那常人不可企及的极端纪录；那改变世界的奇妙发明；那永留人心间的伟大瞬间……这个世界每天都在上演奇迹并创造新的历史，这一切无不让你目瞪口呆、啧啧称奇。

　　不断进步的科学技术将带领孩子们更好地认识世界，增强他们探索未知领域的信心与勇气。来吧，所有好奇心十足的孩子，让我们从这里启程，踏上奇妙无比的求知之旅！

目录 CONTENTS

一起勇攀科学高峰！

快让你的大脑
动起来吧！ →

星鼻鼹：
低调的大明星

　　世界上谁的鼻子最"漂亮"？别人不一定，但神经学家肯定会一致推选星鼻鼹。这种鼹鼠的鼻子呈辐射状，周围环绕着22条肉质触手，像两朵并蒂盛开的花朵，又像两颗并在一起的星星，所以它们被称为星鼻鼹。

　　虽然很多人觉得星鼻鼹的鼻子有点吓人，可神经学家却觉得它们有着与众不同的可爱之处，并为之着迷。

　　星鼻鼹的外形和生活习性跟普通鼹鼠相似。小小的个头，一对适合挖掘的前爪，它们常年生活在错综复杂的地下

迷宫之中，以昆虫等生物为食。由于生活在暗无天日的地底下，星鼻鼹的眼睛退化得几乎什么也看不到，而长着长趾甲的爪子只适合挖土，捉起虫子来可就不方便了。但星鼻鼹一点儿也不着急，因为鼻子就是它的秘密武器。

不过，星鼻鼹鼻子上的"星星"不是用来"嗅"的，而是用来"触"的。在地下四通八达的隧道里，星鼻鼹一边爬动，一边快速抽动它的鼻子，鼻子上的触手一碰到前方的物体，就能立刻判断出是什么。如果是较小的猎物，那它就不客气了——22条灵活的触手合作，只需要0.2秒就能抓住猎物，真的很神奇。

星鼻鼹还是鼹鼠家族里的"乖宝宝"。它们很少在田地里出没，也不会毁坏庄稼。它们一般选择在沼泽和湿地中挖掘地道，而这些地道的出口通常都在水底。这样的话，它们既能在泥土里捕食蚯蚓和昆虫，又能偶尔下水捕点小鱼小虾改善伙食。星鼻鼹就这样"足不出户"，过着悠闲自在的生活。

"才貌双全"的"星星鼻"

星鼻鼹的"星星鼻"是一个无比敏感的触觉器官，22条触手的表面布满了毛细血管和神经末梢。每个"星星鼻"上有10万多个神经末梢。通过这些触手，它们能够在完全黑暗的环境里轻松找到猎物。

"星星鼻"的触觉比人的手指要灵敏得多，更厉害的是，"星星鼻"在水里也同样有效。这样外形"迷人"、本事高超的鼻子，难怪会让神经学家着迷。

在水里"闻"气味

从前，科学家不清楚哺乳动物在水下能不能运用嗅觉。美国的研究人员在运用高速摄像装置研究星鼻鼹的水下行为时，注意到它们不断地从鼻孔中吐出气泡，然后又迅速吸回去，频率约为每秒10次，这与老鼠在陆地上追踪猎物时抽吸鼻子闻气味的行为非常相似。

据此，一些科学家认为，星鼻鼹是第一种被发现能在水下运用嗅觉来追踪猎物的哺乳动物。

小身板，大胃王

别看星鼻鼹的个头小小的，它们可是入地、下水样样精通，连在雪地和冰水里也能来去自如。不论白天或黑夜、炎夏或寒冬，它们都一样活跃好动，精力非常旺盛。

正因为如此，星鼻鼹的新陈代谢非常快，动不动就饥肠辘辘，要不停地找东西吃。原来大自然创造出灵活的"星星鼻"是有它的道理的呀！

负子蟾：
从妈妈的背部出生

　　《小蝌蚪找妈妈》是大家都熟悉的一个故事，在我们平常的印象中，就像故事里讲的那样，小蝌蚪由卵孵化而来，然后长大变成青蛙或者蟾蜍。可是，你知道吗？有一种名为"负子蟾"的蟾蜍，竟然是从蟾蜍妈妈的背上出生的呢。

　　这种奇特的负子蟾生活在南美洲的圭亚那和巴西的热带雨林中，因其独一无二的繁殖方式而被越来越多的人知晓。

　　从外表上看，负子蟾和普通的蛙类没有太大的区别。它们的皮肤呈棕色或者黑褐色，身体扁平，后肢粗壮。只有到了负子蟾的繁殖期，人们才能看到它们身上神奇的变化。

　　每年4月，负子蟾就要为繁殖下一代做准备了。这个时期，雌蟾背部的皮肤开始软化并膨胀，就像海绵一样。接着，皮肤上还会形成许多蜂窝形状的小坑洞，多达几十个甚至上百个。这是做什么用的呢？原来，这就是将来负子蟾宝宝的"小窝"。

　　准备好了宝宝的窝，雌蟾会散发出一种特别的气味吸引异性，雄蟾会用前肢紧紧握住雌蟾的后肢前方。经过一个昼夜的时间，雌蟾的背部会逐渐胀大，终于到适合产卵的时候了。雌蟾会把卵产在雄蟾的腹部，完成受精过程。然后，雄蟾就会爬到雌蟾的背上，用"脚"把水里的受精卵一个一个地夹起来，塞进雌蟾背部蜂窝似的小洞里，小洞周围膨胀的皮肤会把洞里的受精卵包裹得严严实实的。

就这样，负子蟾宝宝们开始在妈妈的背囊中生长、发育。它们要在里面度过蝌蚪时期，直到约80天后长成和爸爸妈妈一样外形的小负子蟾，才会从自己的"小窝"中钻出来跳到水里，独立生活。

"负子蟾"的名字就是这么得来的。虽然繁殖期的负子蟾背部那片密密麻麻的受精卵看起来十分吓人，但这种独特的繁殖方式令人不得不赞叹大自然的奇妙。

没舌头也饿不死

我们生活中常见的青蛙、蟾蜍都是用充满弹性的长舌头捕食昆虫的：大嘴一张，舌头以迅雷不及掩耳之势往外一弹，舌尖一粘，小虫子就到嘴里了。

那么，没有舌头的负子蟾该怎样捕食呢？没事儿，没舌头也饿不死，负子蟾有自己独特的捕食大法。

负子蟾的一生都居住在水里，一般蛙类用舌头捕食昆虫的招数它们也用不上，所以，它们主要靠吞食小鱼或者用前肢把水中的无脊椎小动物捞进嘴巴的方法填饱肚子，真是不容易啊。

"产后瘦身计划"

为了生育小宝宝，负子蟾妈妈可以说付出了极其沉重的代价。孕期的它们变得又胖又丑，真是令人不忍直视。

而等发育完全的

小负子蟾从背囊中一只一只钻出来后，负子蟾妈妈背上就只剩下一片空空的坑洞，变得更加难看，谁见到都会被它们的丑样子吓一大跳呢。

这时，负子蟾妈妈会把背部靠在石头上，用力地蹭啊蹭啊，直到把背上那一层坑坑洼洼的海绵状皮肤都蹭得脱落下来才罢休。这就是负子蟾妈妈的"产后瘦身计划"。

声音代表我的心

在负子蟾科中，非洲爪蟾的求偶行为很特殊，也很有意思。蛙类一般都依靠"呱呱呱"的叫声来求偶，但是非洲爪蟾天生没有声囊，雄蛙只好靠着喉部肌肉的收缩发出长短不一的颤声向雌蛙表白。

那怎样才能知道雄蛙的心意有没有被雌蛙接受呢？

仔细听好了：如果雌蛙发出"啪啪"的拍击声响，那就表示同意；如果雌蛙发出的是缓慢的"嘀嗒"声，那就表示拒绝，雄蛙听到这样的声音就只好黯然地离开了。

树懒：
"长"在树上的绿色精灵

人们常用"龟速"来形容一个人动作慢。可是，当你了解了树懒以后，也许就该换个说法了。

生活在中美洲和南美洲热带雨林中的树懒，被认为是世界上行动最迟缓的哺乳动物。树懒有着圆脑袋、小耳朵、短鼻子，眼睛周围长着深色的毛发，看起来永远是一副睡不醒的样子。在那层又短又密的褐色皮毛上，常年寄生着许多藻类和地衣，为树懒穿上了一件天然的"迷彩服"，能够帮它们成功躲过敌人的视线。身上长植物，这是树懒的"专利"。

"懒洋洋"是树懒的特点。它们一天要睡15～20个小时，很少活动。只要身边有吃的，树懒就绝不会移动身躯，只是伸出长长的爪子，把树叶送到嘴里。因为吃的都是饱含水分的果子、叶子，树懒就有了终生不喝水的便利。

吃饭都怕麻烦，那么需要下树排便就更令树懒烦恼了，所以，它们每个月只排泄三到四次。除了排便，树懒从不轻易下树。只要食物充足，它们可以在同一棵树上待一辈子，甚至死后也挂在树上。这么看来，用"长在树上"来形容它们真是再恰当不过了。

　　其实，树懒的这种习性并不是因为懒惰，而是因为它们天生行动迟缓并且不适合在地面生活，连路都不会走。在地面行动时，树懒只能用前爪扒住地面，吃力地拖动身子往前爬。曾经有一位货车司机遇到树懒过马路，因为树懒爬得太过缓慢，实在等不及的司机只好直接把它抱到了马路对面，想想那场景真是好笑呢。

脖子的秘密

在哺乳动物的世界里，无论是没脖子的鲸、大象，还是脖子长得能打架的长颈鹿，都只有7块颈椎骨，可三趾树懒却偏偏不肯遵守这个规则。三趾树懒有9块颈椎骨，它们的脖子可以旋转270度，方便它们寻找食物。

另外，鸟类中的猫头鹰的脖子，也可以转动约270度，这让它获得了更广阔的视野。看来，动物界真的是"人才辈出"的地方。

只有"野"才能"生"

除了身上的绿藻提供了保护色，树懒还有其他的御敌方法。比如它们的皮毛很厚，可以防止抓咬；它们的爪子很尖，遭遇危险时也能反击。

虽然树懒拥有顽强的生命力，但它们的体温调节能力很差，只能栖息在温度稳定的热带。当环境温度降至27℃时，它们就会发抖；如果把它们放在40℃的阳光

下晒一会儿，它们就会被热死。

所以，树懒在动物园中很难生存，只有野外才是树懒最佳的生存地。

游泳挺在行

树懒虽然不擅长走路，但在水中游泳的技术却不差，而且速度比起在地上爬可要快得多。在雨水丰沛的季节，一旦洪水淹没丛林，树懒就会通过游泳来转移阵地。

但人们一般很少看到游泳的树懒，因为这样做会让它们更容易被发现，引来危险。

陪伴一生的好伙伴

由于树懒身上长了许多藻类植物，不少食藻类昆虫就把树懒的身体表面当作自己安居的家园，为"迷彩服"又加了一层伪装。

昆虫们靠树懒生存，树懒靠它们形成的伪装保护自己。树懒和昆虫们相依相伴，直到树懒的生命结束。

裸鼹鼠：
鼹鼠中的"长寿明星"

在纷繁复杂的鼹鼠大家族中，有一位长住地底不见天日的神秘成员——裸鼹鼠。就外貌而言，裸鼹鼠长得比它们的大多数鼹鼠亲戚都要难看：它们粉红色或淡黄色的身体上看不到几根毛，全身光溜溜、皱巴巴的；两只退化了的眼睛像针眼儿一样小，耳朵像两颗小肉芽，鼻孔下是铲子般的大门牙，再加上四条又细又短的腿。乍一看到这副模样的动物，还真让人心惊肉跳啊。

裸鼹鼠其实并不是全裸的，在它们的身体两侧长着大约40根像猫胡须一样的长毛。这些长毛有什么用呢？原来，它们不是毛发的残余，而是极其敏感的触须，能够快速捕捉外界的信息。在黑暗中行进时，裸鼹鼠总是摇头摆尾，就是为了

14

让触须触碰到周围的环境，从而顺利前行。

　　值得一提的是，裸鼹鼠是变温的冷血动物。
要知道，动物保持恒定体温的优势在于生理活动
基本不受外界温度变化的影响，大大减少了活动限制。
而裸鼹鼠常年生活在冬暖夏凉、温差不大的地下，保持
恒定体温就不再那么重要了。同样，由于外界环境，裸鼹
鼠为了减少热量消耗，反而进化成新陈代谢缓慢的冷血
动物。它们的基础代谢率是所有哺乳动物中最低的，和
爬行动物相当。

　　虽然裸鼹鼠长相丑陋，但它们的寿命可达二三十
年，几乎是其他鼠类动物的10倍。更神奇的是，它们几乎
从来不会生病，甚至对癌症都有免疫力，而且外貌和身
体组织也不会衰老。这些惊人的特性使裸鼹鼠备受科学
家的喜爱。

封建大家庭

和其他鼹鼠不同，裸鼹鼠拥有和昆虫相似的社会结构。每群裸鼹鼠中都有一只身形非常肥硕的"女王"，还有几只雄鼠作为"女王"的伴侣，剩余的裸鼹鼠不论性别都是"工鼠"。在这个群体中，"女王"负责繁殖后代，拥有至高无上的地位；"工鼠"的任务是采集食物、挖掘隧道，以及天冷时紧靠在"女王"身边为它保暖。

看到这里，大家是不是一下子就能想到蜜蜂呢？的确，裸鼹鼠的社会结构，在脊椎动物中可以说是绝无仅有的。

无用"毛"之地

由于裸鼹鼠不是恒温动物，所以它们只能通过与环境的热交换来调节体温。如果要升温，它们就跑到浅层泥土中，紧贴着被太阳晒热的土层取暖；如果要降温，它们就钻到凉爽的深层泥土中。有时候，它们也通过相互依偎取暖。

16

正因为这样，它们的皮肤在多年的进化中逐渐变成裸露无毛的形态——当毛发不仅不能调节体温，反而影响热量传递的时候，留着它们还有什么用呢？

鼠多力量大

裸鼹鼠生活在炎热干旱的东非地区。它们的主要食物是植物块茎。在炎热干旱的地区，植物块茎总是体积大而数量少。有些块茎的重量能达到裸鼹鼠体重的上千倍，要是有幸挖到一个的话，一窝裸鼹鼠一年的口粮就有着落了。

要找到更多的食物，当然需要更多的裸鼹鼠成员。可是，新的问题又来了：成员越多，食物消耗得也就越快，找再多的食物也是供不应求呀！

幸亏大自然为裸鼹鼠们解决了烦恼。进化使得它们的数量增加了，体形却变小了，消耗的食物也大大减少了。一窝裸鼹鼠平均有70～80只，最多的约有300只，而每只"工鼠"的体重大约只有30克。

袋獾：
塔斯马尼亚岛上的"小恶魔"

在风景如画的澳大利亚塔斯马尼亚岛上，生活着一种"大嘴怪"——袋獾。瞧，它们一身黝黑油亮的皮毛，乌溜溜的圆眼睛，多精神呀！那么，为什么要说它们丑陋呢？我相信，如果你看过它们打架斗殴、撕咬食物和打呵欠时张开血盆大口的样子，应该就不会感到奇怪了。

袋獾的脑袋大，嘴巴也大，脾气更大。它们性格暴躁易怒，尤其是雄性袋獾，经常说翻脸就翻脸，为了争夺异性和食物"大打出嘴"。它们先是张大嘴巴，露出锋利的牙齿向对方示威，然后发出尖锐刺耳的叫声。

战况激烈的时候，袋獾们互相撕咬，不管是邻居还是朋友，都打得昏天黑地。所以，很多袋獾身上都有因打架斗殴留下的疤痕。如果实在打不过，袋獾只好逃之夭夭，顺带放出一个奇臭无比的"烟幕弹"，让对方就算不被臭死，也要被气死。

袋獾虽然个头不大，却具有非常强大的咬合力。澳大利亚科学家比较了39类肉食哺乳动物，综合分析动物的撕咬力量和体形大小的相对关系，结果显示，袋獾是现存的撕咬力量最大的哺乳动物，比狮子、老虎都要厉害呢！

袋獾最喜欢猎食的动物是袋熊，一只体重6千克的袋獾甚至能够杀死重30千克的袋熊呢。不仅如此，袋獾除了吃猎物的肉和内脏之外，连猎物的皮毛和骨头都会全部吞进肚子里，真是一个可怕的"吃货"。但袋獾是个机会主义者，只有在合适的机会下才会捕猎，因此大多数时候，它们会吃腐肉充饥。

在深沉的暮色中，袋獾一边撕咬腐烂的尸体，一边发出刺耳的声音，真是一幅阴森恐怖的画面。难怪当地居民会把袋獾称作"塔斯马尼亚的小恶魔"了。

幸存者

　　袋獾和其他有袋动物一样，曾一度被人类大量猎杀。600年前，袋狮在澳大利亚大陆绝迹；1936年，袋狼也没了踪迹。只有袋獾在塔斯马尼亚岛上幸存下来，成为岛上特有的生物。随着越来越多的有袋动物灭绝，人们开始保护它们，这些"小恶魔"总算逃过了一劫。

胖尾巴，好身体

　　尾部贮存脂肪含量的多少可以衡量袋獾身体是否健康，尾部脂肪含量高，表明袋獾的身体好。所以，大概每只袋獾都有一个美好的愿望：不要胖肚腩，只要胖尾巴！

强者生存

　　强者生存这个道理，袋獾从婴儿时期就已经懂得了。袋獾妈妈每胎能生下20～30只只有米粒大小的袋獾宝宝。而袋獾妈妈

身上只有4个乳头，这意味着超过半数的小袋獾会因为抢食失败而活活饿死。

人人都爱"小恶魔"

袋獾虽然长得丑，但它们在澳大利亚可是很受欢迎的标志性动物呢。

塔斯马尼亚的国家公园、野生动物机构都用袋獾的形象做标志。

还有澳式橄榄球联赛的代表队，它不仅以袋獾为标志，甚至直接取名为"塔斯马尼亚恶魔队"。

吃饭时的社交

吃饭对袋獾而言可不仅仅是为了补充能量，还是一种重要的社交活动呢。袋獾在吃东西的时候会发出刺耳的声音，但你可不要因此认为它们不懂礼仪，其实这也是袋獾互相沟通的方式之一。

如果十几只袋獾一起进食，它们的叫声在几千米外都可以听见。

长鼻猴：
猴子中的"长鼻王"

　　在东南亚的加里曼丹岛上，生活着一种十分特别的猴子——长鼻猴。听名字就知道，这种猴子有一个长长的鼻子。不过要提醒你的是，虽然都叫长鼻猴，可真正长着长鼻子的只是其中的雄性而已，雌性长鼻猴的外表相对来说要普通得多。

　　雄性长鼻猴的鼻子大得出奇，而且随着年龄的增长，它们的鼻子会越来越大，越来越红。雄性长鼻猴的鼻子最长可达7～8厘米，远远看去，就像脸上挂着一个红色茄子似的。

　　当长鼻猴情绪激动的时候，它的大鼻子就会向上挺立或者上下摇晃，看起来非常滑稽。

　　唉，挂着一个长鼻子，吃饭可真是一件麻烦事啊！雄性长鼻猴吃东西的时候，为了避免啃到自己的鼻子，只得歪着脸把鼻子撩到一侧。偏偏长鼻猴们都是大胃王，吃起东西来可真是不轻松啊。

　　为什么雄性长鼻猴会有这么一个大鼻子，而雌性长鼻猴却没有呢？难道雄性长鼻猴和童话故事里的匹诺曹一样，是个撒谎精吗？这个……当然是不可能的啦！至于真正的原因嘛，众说纷纭。

　　有人说这样的大鼻子是游泳时的通气管，也有人说大鼻子可以帮助调节体温，但这些说法都无法解释雌雄长鼻猴之间的差异。其中最浪漫也是相对靠谱的一种说法是，大鼻子是雄性长鼻猴魅力的象征——鼻子越大，这只长鼻猴就越"英俊"，更能得到异性的青睐。

　　也许当人类在嘲笑长鼻猴的大鼻子时，它们也在笑话人类是丑八怪呢！

"怀孕"的雄猴

什么？雄猴也会怀孕？乍一看到这样的说法，你肯定会惊得合不拢嘴吧。

不过不要误会，雄猴当然是不会怀孕的。这只不过是长鼻猴的另一个特点——有个大肚子。

原来，长鼻猴因为对食物比较挑剔，而它们生长的环境中适合它们吃的东西很少。所以，一旦发现适合自己口味的食物，它们就会不停地吃、不停地吃，直到把胃撑得很大很大，再也吃不下一点东西为止。这时候，要是不熟悉长鼻猴的人看到了，还以为遇到怀了孕的猴子妈妈呢。

会反刍的猴子

科学家发现，长鼻猴在空闲的时候，会对胃里没有消化的食物进行反刍，就像牛一样。这种类似牛、羊等植食动物的反刍习性在灵长类动物中十分罕见。

气得翘鼻子

当成年的雄性长鼻猴被激怒时，常常会用它的大鼻子向对方发出愤怒的吼叫声。

这个时候，它鼻子中的气流会使下垂的鼻子鼓胀，并且高高翘起，看起来十分有趣。

厉害又脆弱的胃

动物学家通过研究发现，长鼻猴的胃里充斥着大量可以用来发酵的微生物，这些微生物一是可以帮助消化粗糙的植物叶片，二是可以起到一定的解毒作用。

但这么厉害的胃却不适合消化糖分较高的食物。有人认为，这是因为糖分在发酵状态下会产生大量的气体，长鼻猴本身肚子就大，再一胀气，其难受程度就可想而知了。

鮟鱇鱼：可口的"海鬼鱼"

　　广阔神秘的海洋是地球生命的起源，那里生活着各种各样的生物。其中的"海鬼鱼"——鮟鱇鱼，便是一个独特的存在。

　　人们看到鮟鱇鱼的第一眼，肯定会因为它们的外表而吃惊。鮟鱇鱼的身体粗短柔软，有点像纺锤。其体表没有鳞片，却粗糙不平，长满棘刺。最让人害怕的是它那张宽宽扁扁的血盆大口——能在捕食时迅速扩张口腔，在极短的时间里把食物吸进嘴里。

　　这个动作使鮟鱇鱼成为史上进食最快的脊椎动物。而大嘴里的两排倒钩状的尖牙，仿佛重重叠叠的尖刀，只要猎物进了这张嘴，想要逃脱那可真是比登天还难了。

　　不仅如此，生活在深海的鮟鱇鱼还以其无与伦比的捕

食技巧，被封为"深海钓鱼者"。钓鱼不是需要钓竿吗？没错，鮟鱇鱼的吻部正上方的第一片背鳍就是它的"钓竿"，在这片背鳍顶端长着一个看起来像灯笼的小肉球。这个在生物学上被称为拟饵的小"灯笼"之所以会发光，是因为"灯笼"内具有腺细胞，能够分泌荧光素，荧光素在光素酶的催化下，与氧气发生了缓慢的化学氧化反应，从而发出微弱的光。很多深海中的鱼都具有趋光性，于是这个发光的"灯笼"便成了最好的诱饵。

鮟鱇鱼非常狡诈，它们始终保持着高度的警惕，用能够随意转动的眼睛观察着四周的动静，一旦发现前来"送死"的猎物，立刻张开大嘴，将美食吞下肚！

长相丑，味道美

虽然长相丑陋，可在美国、日本、欧洲等许多国家和地区鮟鱇鱼却是颇受欢迎的一种美食，为满足人类的"口福"做出了巨大的贡献。

鮟鱇鱼肉味道鲜美，富含维生素A、维生素D、维生素E等。鮟鱇鱼肝还是日式寿司大餐的重要食材。

夫妻一体

从海里捕捞上来的鮟鱇鱼，通常都是雌鱼，很少看见雄鱼。这是为什么呢？不要急，你再仔细瞧瞧——雄鱼不就长在雌鱼身上吗？

原来，鮟鱇鱼不是群居动物，而是习惯独来独往。要凭着雄鱼那缓慢的行动在广阔黑暗的海底找到配偶，是非常困难的。

所以，雄鱼在出生后不久，个头还很小的时候就会"寄生"在雌鱼身上，一生都不分离，就连其生存所需的营养也是靠雌鱼供给的。

久而久之，鮟鱇鱼就形成了这种在动物界罕见的亲密的配偶关系。

在海底"走路"的鱼

鮟鱇鱼的肌肉松弛，运动器官并不发达，加上身体笨重，游泳对它们来说相当困难。因此它们只能栖息在海底，用像手臂一样发达的胸鳍贴着海底爬行。

可怜的光棍

相较于那些"寄生"在雌鱼身上存活的雄鱼，极少数雄性鮟鱇鱼没有福气过上这种幸福生活，只能一辈子孤独地游弋在海中。

这可不是因为它们挑三拣四，而是因为这些倒霉的雄鮟鱇鱼一辈子都没遇到合适的雌鱼，只能可怜地"打光棍"啦。

枯叶龟:
最奇特的水龟

枯叶龟主要生活在南美洲的亚马孙河流域,就外形来说,枯叶龟可以算世界上长得最奇特的龟类之一了。

大多数人乍一看到枯叶龟,肯定忍不住多看几眼:看第一眼时,你很难发现它们的眼睛,因为它们的眼睛很小;看第二眼时,你根本看不到它们的嘴巴,因为它们的嘴巴隐藏在脑袋下方;看第三眼的时候,它们没准就藏进水底的树叶堆里了,这又是为什么呢?

这么说吧,如果要在水底玩"捉迷藏"的游戏,枯叶龟一定能成为大赢家。因为它们是天生的隐藏者!

枯叶龟的背甲呈茶色或棕色,表面坑坑洼洼、凹凸不平。背甲每块盾片的生长年轮上通常长着水藻,这就像狙击手身上穿着的迷彩服一样,使它们可以很好地融入水底阴暗的环境之中。枯叶龟的头部呈扁平宽大的三角楔形,正中央还有一道箭头状的棕色条纹，好似叶脉。枯叶龟奇特的三角头型不仅能与背甲一起，起到伪装作用，还能减小它们在水中前行的阻力。更神奇的是，枯叶龟细长的鼻管还能模仿树叶叶柄的样子，这让它们看起来更像枯黄的叶子了。

枯叶龟的外形奇特，习性也很有趣。虽然是水中的常住居民，但是枯叶龟的水性一点儿也不好。它们的游泳速度很慢，只会在水中笨拙地爬行，真的可以用"龟速"来形容。它们的呼吸方式是伸长脖子，把管状的鼻子探出水面换气，就像潜水员用通气管呼吸一样。

所以，枯叶龟平常都是一动不动地趴在水流静止或者水流缓慢的浅水地带，要是一不小心到了深水里，它们的小命可就不保喽！

以貌"杀"人

枯叶龟也叫"玛塔玛塔龟","玛塔玛塔"在西班牙语中的意思是"杀吧,杀吧"。

这个名字很好地体现了枯叶龟外貌的强大杀伤力,三角楔形的头部宽大平坦,上面布满了凸起的瘤状物,一直延伸到脖子,加上一双小小的眼睛和一张不明显的大嘴,这副丑样子真的可以"谋杀"我们的双眼。

真空捕食法

别看枯叶龟行动起来总是慢腾腾的,它们可是非常出色的猎手呢!

枯叶龟有一个非常奇怪的向外突出的鼻子,这个鼻子相当于潜水员的通气管,可以使它们一动不动地趴在浅水地带,看上去就像水中的一片枯叶。

它们的脑袋两侧的耳鼓像雷达一样探测着周围的动静,等猎物靠近的时候,它们会突然伸长脖子,张大嘴巴,扩张喉咙，像抽水机一样把猎物混着水一起吞进肚子，然后排出水分。动作缓慢的枯叶龟，就是靠这种方法赢取了生存的机会。

神奇的长脖子

枯叶龟的脖子可能是人们最感兴趣的地方。要知道，枯叶龟是大型龟类，成年龟的背甲可以长达45厘米。

枯叶龟的脖子很长。而且，它们的脖子周围长着很多肉质的须，这些肉须的作用至今没有定论。

有人说这些须是枯叶龟神奇伪装的一部分，让它们看起来更像一片有些腐烂的树叶；有人说肉须上敏感的神经末梢是功能强大的探测器；还有人说这些须随着水波摆动，可以作为吸引猎物的诱饵。

但不管怎样，可以肯定的一点是，那长着肉须的神奇的长脖子，绝对是枯叶龟捕获猎物的秘密武器！

水滴鱼：
表情最忧伤的鱼

　　或许你听说过美国有一只"全世界表情最忧伤"的狗，让人一见就不禁同情它。但是，这只忧伤的狗和澳大利亚的一种"全世界表情最忧伤"的鱼比起来，那可真是小巫见大巫。这种鱼就是大名鼎鼎的"忧伤鱼"——水滴鱼。

　　乍一看到水滴鱼的照片，你绝对很难相信它们是存在于现实中的生物。大大的脑袋、圆圆的眼睛、塌扁的鼻子、下咧的嘴巴，看起来分明是一张扭曲的人脸—— 你确定这不是漫画家画出来的吗？

　　说起来，水滴鱼引人注目的可不光是一张脸。虽然属于鱼类，但它们那蝌蚪状的身体中没有骨头，也没有鱼鳔，

全身由一种密度比海水小的凝胶状物质构成。这种与众不同的生理构造虽然令水滴鱼看起来很古怪，却为它们在深海底部生存提供了条件。

　　水滴鱼生活在澳大利亚沿岸数百米深的海底，那里的水压比海面要高出好几十倍。在这种环境下，一般鱼类用来保持浮力的鱼鳔很难有效地工作。这时候，由一身凝胶状物质构成的水滴鱼由于身体密度比海水小，就可以毫不费力地从海底浮起来了。

　　可是，缺乏肌肉的水滴鱼怎么掌控自己的行动来捕获食物呢？你也许不信，水滴鱼的吃饭问题解决得很轻松——它们主要靠吞食嘴边的可食用物质填饱肚子。想象一下，呆头呆脑的水滴鱼在海里漂来漂去，看到面前出现可以吃的东西，大嘴一张，来者不拒。真是一幅有趣的画面呢！

没有最丑，只有更丑

2013年9月13日，英国"丑陋动物保护协会"为了呼吁人们更多地关注地球上那些长得不够可爱却又濒临灭绝的动物，特意举办了一场大规模的"没有最丑，只有更丑"的"选丑"比赛。

经过3000多人的投票，最终顶着一张"哭丧脸"的水滴鱼以795票获得了"选丑"比赛的冠军。据说，水滴鱼还因此当选了英国"丑陋动物保护协会"的吉祥物呢。

孵出来的水滴鱼

水滴鱼的孵化方式很特别。每到产卵的季节，雌性水滴鱼就会不辞辛苦地漂到浅海海域，产下鱼卵以后就一动不动地趴在鱼卵上面，直到幼鱼孵出来为止。因此，别看雌性水滴鱼相貌丑，它们可是不折不扣的好妈妈。

致命的伤害

水滴鱼本身的肉质并不适于食用，但因为它们恰好与那些可口的海洋生物（如蟹和龙虾等）生活在海洋深度大致相同的区域，所以澳大利亚东海岸的渔民在捕捞蟹和龙虾时，常常会连带着将水滴鱼一起捕捞上岸。

虽然渔民们通常会将丑陋的水滴鱼放回大海，但不幸的是，由于海面和海底的压力差太大，渔民将水滴鱼从海底拉向海面的过程中，压力差已经对它们造成了致命的伤害。这也是水滴鱼数量减少的直接原因。

非洲疣猪：
只有猪妈妈才会喜欢的脸

在一望无际的非洲草原上，生活着一种非洲疣猪，它们有着水桶一样的身材和一副只有它们的妈妈才会喜欢的面孔，它们被认为是世界上最丑的动物之一。

非洲疣猪的眼睛下方长着一对硕大的"疣"（皮肤上黄褐色的疙瘩），因而得名"非洲疣猪"。除了一对大疣之外，非洲疣猪的两对獠牙也分外引人注目。它们的獠牙比普通野猪的更长更锋利，足以让敌人望风而逃。雄性非洲疣猪的上獠牙长达38～65厘米，实在是不容小觑的"杀伤性"武器。大疣和獠牙使非洲疣猪的脑袋看起来更加硕大，巨大的头部足足占了身体的三分之一，别提有多怪异了。

虽然非洲疣猪其貌不扬，但它们可是世界上唯一能够在高温、干旱的环境中生存数月之久的猪。它们除了吃地面的青草外，还会用弯刀般尖利的獠牙挖掘埋藏在地下的水分充足的植物块茎，用来充饥解渴。

除了生命力顽强，非洲疣猪的聪明头脑也令人赞叹。非洲疣猪基本上都是穴居，这样既可以躲避掠食者，又可以避开太阳的暴晒。它们个个都是挖洞高手，能够挖掘出深达3米的洞。

非洲疣猪进洞穴的动作很有趣，总是头朝外，倒退着先把后半身塞进去。这样它们就能随时观察敌情，避免被敌人从身后袭击，甚至可以先下手为强，用獠牙去对付敌人。而窝在洞里的它们，总是很得意地看着束手无策的敌人，让敌人恨得牙痒痒。

早上醒来的时候，非洲疣猪会出其不意地从洞穴中猛冲出来，快速逃遁，这样就能躲开任何可能躲在洞口伺机偷袭的掠食者了。

顽强的生命力

非洲疣猪虽然长得丑，但这种长相也是自然进化的结果，可以帮助它们更好地适应环境。

例如眼睛下方的那对硕大的疣，在非洲疣猪觅食和挖洞时，可以保护它们的眼睛，遮挡飞溅的泥土。

好处多多的泥巴澡

非洲疣猪不仅长相特殊，习性也很特别。

它们喜欢洗泥巴澡，还会像犀牛那样让自己浑身沾满泥巴。这个习惯主要是为了消暑降温和消灭身上的寄生虫。

有时，它们会和黄犀鸟生活在一起，让黄犀鸟啄食它们身上的寄生虫。

本性难改

　　非洲疣猪很擅长挖洞，那些大大小小的洞穴，都是它们辛勤劳动的建筑成果。

　　不过，它们并不总是那么勤快，有时候也会犯懒耍横，抢占土豚等动物挖好的洞穴，然后改造成适合自己居住的"宫殿"。

小武器，大威力

　　非洲疣猪的獠牙是一件犀利的武器，即使是猎豹等食肉猛兽，如果遇到非洲疣猪时，也可能会被非洲疣猪刺伤甚至刺死。可惜的是，如果对手是"草原之王"——狮子，非洲疣猪就只得束手就擒了。

　　但不管怎样，勇敢的非洲疣猪明知没有胜算，往往也会奋力一搏，在对方身上留下伤疤作为自己勇敢的记号。

鲸头鹳：鸟类中的"大头王"

    在欧洲的许多国家，都流传着新生的婴儿是被上帝裹在包袱里由鹳鸟叼到各家各户的传说。鹳鸟也因此成为受人喜爱的神鸟。可是，接下来要介绍的这种长得怪模怪样的鲸头鹳，可能很难使人把它们和添丁送福的上帝使者联系到一起。

    生活在非洲东北部的鲸头鹳是一种大型鸟，平均身高约1.2米，翅膀张开的长度可达2.6米左右。即使拥有这么一副大身板，但鲸头鹳的头在身体中占的比例还是很大。鲸头鹳那张约12厘米宽的大嘴，使它成为现存头部最大的鸟。

    鲸头鹳顶着一身灰色的羽毛，有着怪异的身体比例，好像的确不太符合传统的审美。不过，仿佛在微笑的喙部、温和清澈的眼神和大脑袋后面尖尖的羽冠，让它也算

得上憨态可掬。

　　说起来，这种憨厚可爱的大鸟还是鳄鱼幼崽的天敌呢。暮色时分，鲸头鹳静静地站在水中等候猎物，远远看着就像一尊塑像。没有经验的鳄鱼幼崽靠近了，慢慢地游到鲸头鹳的脚下。刹那间，鲸头鹳的大嘴会像闪电一样刺入水中，在这迅雷不及掩耳的时间里，它们坚硬锋利的巨喙一下子刺穿了鳄鱼厚厚的皮肤，仿佛老虎钳一样稳稳地夹住鳄鱼。接着，鲸头鹳会落在一块岩石上，用喙不断地翻抖鳄鱼的尸体，把上面缠着的水草慢慢抖落，十几分钟之后才开始享受美味佳肴。这就是鲸头鹳捕食鳄鱼的整个过程。

　　除了捕食鳄鱼，鲸头鹳还很喜欢吃甲鱼。它们不仅会吃掉甲鱼肉，还会把甲鱼壳也吞进肚子里。这么强大的牙口和胃口，真是让人瞠目结舌啊！

"喙"不可貌相

　　鲸头鹳的巨喙看上去十分笨重，但实际上重量很轻，完全不会给鲸头鹳在行动上增加负担。

　　而且这个看似厚重的

喙，其顶端十分尖锐，侧边也很锋利，是鲸头鹳捕猎时最得力的工具。

究竟是不是鹳？

　　虽然名字叫鹳，但关于鲸头鹳的分类还存在争议。

　　有些学者依据解剖学的分类方法，认为它们的身体结构比较接近鹈鹕；另外一些学者则使用生物化学的研究手段，认为它们应该被划分到鹭科。不管怎么分类，从长相上看，鲸头鹳和鹳还是非常相近的。

幸福一家

鲸头鹳遵循一夫一妻制。到了湿润的雨季，鲸头鹳夫妇们就会在湿地附近的芦苇丛中用树枝和芦苇筑巢。雌鸟每次会产下1～2枚蛋，夫妻俩轮流孵蛋，约45天后，鲸头鹳宝宝就出世了。

物以稀为贵

由于自身的繁殖特性以及人类对其栖息环境的破坏，鲸头鹳数量稀少，已被列入《世界自然保护联盟濒危物种红色名录》中，属于易危物种。

鲸头鹳一般白天会隐藏起来，傍晚以后才出来觅食，所以十分少见。非洲的许多国家把鲸头鹳当作国宝赠送给世界各国的动物园，还发行印有鲸头鹳图案的邮票、货币来宣传保护这种当地特有的动物。

赤秃猴：
红通通的秃头猴子

在神秘的南美洲大陆上，生活着众多鲜为人知的灵长类动物，总共有100多个品种，大约占了全球现存哺乳纲灵长目动物物种的40%。这里有面似猫头鹰的夜猴、叫声如雷的吼猴、聪明绝顶的卷尾猴……而接下来要亮相的则是长着一张"恶魔脸"的赤秃猴。

几乎每个见到赤秃猴的人都会觉得，这些家伙长得古怪又丑陋：它全身长满浓密的毛，一颗红色的脑袋却是光秃秃的，轮廓怪异的面孔上深陷着一双黑色的眼睛，偶尔露出尖利的犬齿，外表看起来很有几分西方神话中魔鬼的味道。

实际上，赤秃猴一点儿也不凶残。在赤秃猴的种群中，雌猴往往对那些红脸的雄猴情有独钟：谁的脸最红、最亮，谁就最有魅力。而尖利的犬齿，则是赤秃猴用来撬开棕榈果的工具。你瞧，赤秃猴在丛林中叫嚷着，抓着树枝，用荡秋

千一样的姿态，猛地撞向棕榈果。"喀啦"一声，棕榈果就被它们摘到手了。它们捧起果实，张开嘴巴，先用尖利的犬齿撬开坚硬的果壳，然后熟练地用镊子般的门牙把果仁夹出来。一整套动作干净利索，本事好着呢！

赤秃猴不但不可怕，性格还很友善可爱，是猴子中的谦谦君子。当不同家族的赤秃猴群相遇时，不仅不会发生争斗，反而会凑到一起打招呼。它们会叽叽喳喳地聊上半天，然后才分道扬镳。即使在争夺配偶时，雄性赤秃猴们也很少打架，而是用"显摆"身材的方式来令对方知难而退。

了解了赤秃猴这么有趣的一面，你是不是不会对它的面孔感到害怕了呢？那红果子般的奇特脸蛋，是不是越看越美丽？

不爱打架爱显摆

别看赤秃猴长得丑，它们可是动物界尊老爱幼的典范呢。在赤秃猴群中，雌猴和幼猴总是被雄猴团团围在中间，严密地保护起来，外人很难靠近猴群中的"妇幼圈"。

除了担任保镖外，雄性赤秃猴还十分爱显摆。闲暇时光，它们总会挂在树上荡来晃去，展示它们优美的脚踝，或是竖起身上的毛发，令自己看起来更加壮硕。

皮包骨头的骷髅脸

赤秃猴属于秃猴的一种，目前已知的秃猴有三种。秃猴的面部皮肤下没有脂肪，脖子上也是皮包骨头，这让它们拥有骷髅般怪异的外貌，甚至被一些人称为"恶魔"。

要是你以后有幸碰见它们，可一定要做好心理准备，千万别被它们的外表吓得惊声尖叫！

追随松鼠猴

赤秃猴有一个怪癖，很喜欢跟踪松鼠猴。每当到了需要迁徙、寻找棕榈果树的季节，赤秃猴就会与一群松鼠猴结伴而行。

人们猜测，这么做很有可能是因为毛茸茸的松鼠猴比赤秃猴更容易遭到鹰的攻击。赤秃猴跟着它们，一来可以借助松鼠猴的情报躲避危险；二来有了松鼠猴的掩护，也可以大大降低自己被鹰攻击的概率。

"英国猴"

南美洲人给赤秃猴起了个有趣的绰号——"英国猴"。据说这是因为当年英国殖民者到达南美洲时，他们的脸被那里强烈的阳光晒得通红，看上去就和赤秃猴差不多。

鳄鱼：
隐藏在水中的"死神"

　　说起鳄鱼，人们立刻就会想到它们布满尖牙的血盆大口、一身"刀枪不入"的坚硬盔甲和一副时刻准备吃人的样子，真是名副其实的"恶鱼"。事实上，鳄鱼不是鱼，而是一种原始的爬行动物，和恐龙是同一个时代的。恐龙灭绝了，鳄鱼却存活至今，人们无不惊叹它们顽强的生命力。

　　鳄鱼那一身"杀气腾腾"的装备可不是吓唬人的。鳄鱼的表皮和牙齿就好比盔甲和利剑，有着充足的防御力和攻击力，再加上它们敏锐的视觉、听觉和灵活的身体，难怪有"世上之王，莫如鳄鱼"的说法。任谁看到这位"死神"，都会退避三舍。分布在东南亚沿海和澳大利亚北部的河口

鳄，身长可达7米，体重为500～1400千克，是现存最大的爬行动物，同时也是最危险的鳄鱼之一。它们不但攻击四足动物，还会攻击人类。

关于"鳄鱼的眼泪"的说法，大家应该不会陌生。最广为流传的说法就是鳄鱼通过流泪排出体内多余的盐分。真的是这样吗？1981年，澳大利亚科学家发现鳄鱼的舌头表面会流出一种清澈的液体，这种液体的含盐量比鳄鱼眼泪的含盐量高3～6倍！研究表明：鳄鱼舌头黏膜上的盐腺才是它们排出体内盐分的真正通道。

那么，鳄鱼的眼泪究竟是起什么作用的呢？原来，鳄鱼的眼部长着一层半透明的瞬膜。鳄鱼在潜水的时候闭上瞬膜，既可以看清水下的情况，又可以保护眼睛。而鳄鱼的眼泪，就是瞬膜分泌出来用于滋润眼睛的液体。

边吃饭边流泪

　　科学家通过观察发现，很多鳄鱼在吃东西的时候眼睛会流泪甚至冒泡沫。难道是因为食物太难吃了？科学家推测，这是因为鳄鱼进食的时候伴随着呼气，压迫了鼻子中的空气，空气和眼泪混合在一起流了出来。

武装到眼睑

　　生活在南美洲的库维尔侏儒凯门鳄是体形最小的鳄鱼（体长只有1.5米），但它们有得天独厚的防护机能。看！它们的眼睑都覆盖着骨质鳞片呢。另外，鳄鱼中还有"戴眼镜"的成员。体长约2.5米，几乎遍布美洲所有地区的眼镜凯门鳄，它们的眼睑上有奇特的褶皱，看起来很像戴着一副眼镜。

生男生女由温度决定

　　鳄鱼通常会将蛋产在河岸、湖泊边缘或沼泽等地，在合适的温度、湿度下孵化蛋。而小鳄鱼的性别居然是由温度来决定的：当鳄鱼妈妈把巢建在温度较高的向阳坡，温度高于34℃时，孵出来的是雄性的小鳄鱼；当巢建在温度较低的低凹遮蔽处，温度低于30℃时，孵出来的是雌性的小鳄鱼。这样，鳄鱼妈妈就能根据现实需要选择小鳄鱼的性别，保证物种的延续。

适者生存

　　鳄鱼能从恐龙时代存活至今，是环境适应能力很强的动物。它们的头部形状进化得很精巧，在狩猎时可保证仅眼、耳、鼻露出水面，拥有极大的隐蔽性。鳄鱼拥有四心房的发达心脏，比普通爬行动物多了一个心房，这样可以保证鳄鱼在捕猎时尾部、头部有充足的血液供给，拥有强大的爆发力。最惊人的是，鳄鱼的大脑进化出了大脑皮层，也就是说，它们的智商可能大大超乎我们的想象，智商甚至超过老虎！

斑鬣狗：
与狮子对抗的猛兽

圆圆的大脑袋，一身浅黄的稀疏皮毛，皮毛上点缀着黑褐色的斑点，这是一种长得像狗，却和灵猫的亲缘关系更近的动物——斑鬣狗。

多年来，斑鬣狗总被描述成"长相丑陋，行径猥琐"的形象——著名动画片《狮子王》中，斑鬣狗就是一个极不讨人喜欢的奸诈的角色。然而，这种充满贬义的形象描绘，完全是对斑鬣狗的误解。

斑鬣狗并不是只会跟在狮子屁股后面捡腐肉吃的胆小鬼，相反，它们是非洲草原上一种极为强悍的中型猛兽。它们会集体猎食羚羊、斑马等大中型的植食动物，甚至可以杀死半吨重的非洲野水牛。有时候，斑鬣狗连狮子的食物都会抢夺呢。

总的来说，斑鬣狗拥有三件生存法宝。第一，奔跑力强。斑鬣狗能够以每小时60多千米的速度，追逐正在飞速奔跑着的斑马群或角马群。第二，咬合力强。一只成年斑鬣狗能够咬着与自己体重相当的猎物，将其拖行100米，还能咬碎猎物的骨头，吸食骨髓。第三，合作力强。斑鬣狗可以单独狩猎，也能整群地进行围猎，但后者的成功率更高。斑鬣狗在集体捕食时，会根据不同的情况，采用不同的战术，甚至能驱赶走体形更大、力量更强的狮群，威力不同凡响。

令人哭笑不得的是，斑鬣狗在捕获食物时，生怕遭到狮子的抢夺，会一拥而上把食物全部吃进肚子里。要知道，一只斑鬣狗一次能连皮带骨吞食15千克的猎物。就算自己吃饱了，还可以反哺给留守家园的伙伴们吃，这才是真正的"肥水不流外人田"啊！

绅士风度

当两只不同性别的斑鬣狗相遇时，雄性总让雌性走在前面。如果只有一块肉，雄性会把它留给雌性。这是因为斑鬣狗过着群居群猎的生活，雌性是两性中更强壮、具有支配地位的一方。

随着研究的深入，科学家还发现，在斑鬣狗的群体中，长幼强弱，秩序井然，这种社会结构和灵长类动物中的狒狒、短尾猴群体的结构极为相似，令人感到不可思议。

恐怖的狞笑声

在入夜后的非洲大草原深处，时不时会传来令人毛骨悚然的哈哈大笑声，那就是斑鬣狗著名的特征——狞笑。

斑鬣狗们在一起时，好像一群嬉戏的孩子，吵吵嚷嚷，异常热闹。它们用耳朵、尾巴互相传递信息,不停地用叫声互相联系。它们有时高声咆哮,有时低声哼哼,声音可以传得很远。在夜深人静时,这种诡异的声音可是比狮子的吼声更令人毛骨悚然呢。

长短腿也很能跑

斑鬣狗的前腿比后腿长,这导致它们整个前半身明显比后半身高,奔跑起来的姿势就显得特别难看。

可是难看归难看,实用最要紧!斑鬣狗的奔跑速度相当快,高达每小时60多千米,而且能够坚持这种速度较长的时间,这对它们捕捉猎物是非常有利的。

与狮群抗衡

生活在非洲的斑鬣狗是鬣狗科中体形最大的一种,也是最著名的和捕食能力最强的一种,可以成群捕食较大的猎物,甚至能与狮群对抗。

在非洲,除了狮子,最令其他动物害怕的肉食动物,大概就要数斑鬣狗了。

皱鳃鲨：
神秘深海中的活化石

神秘广阔的深海世界中，究竟有着多少不为人知的动物呢？人类发明了越来越精密的仪器，用科技手段探索自己无法亲身到达的领域。即使这样，人类与皱鳃鲨的相遇也只有寥寥数次而已。

深海动物拥有惊人的适应能力，能够在恶劣的深海环境中繁衍生息，它们的外形往往非常恐怖，皱鳃鲨也不例外。

成年皱鳃鲨体长1.5～2米，身体非常柔软，看起来不像鲨鱼，倒更像一条肥壮的鳗鱼。它们的头部两侧具有6对鳃裂，构造比较特殊，不像普通鲨鱼那么平滑，而是层层叠叠的褶皱形状，这也是它们名字的由来。

早期，科学家都认为鳃裂越多的鲨鱼越原始，可能是因为原始鱼类的呼吸效率不高，所以需要相当多的鳃裂才能满足对氧气的供给。经过不断的演化，鱼类的呼吸效率逐渐改善，就不需要那么多的鳃裂了，所以现在大多数的鲨鱼都是5对鳃裂。

后来，生物学家通过形态资料以及DNA分析，发现六鳃鲨和七鳃鲨并不是原始的鲨鱼。这两类鲨鱼的鳃裂之所以比其他鲨鱼多，很可能是因为它们大多生活于深海中，而深海环境的氧气浓度比较低，因此需要比较多的鳃裂来进行气体交换。

尽管如此，这并不影响形态诡异的皱鳃鲨"活化石"的地位。只是，这种鲨鱼究竟在地球上存在了3.8亿年，还是9500万年呢？科学界对此还是争议不断。

皱鳃鲨栖息在比较深的海域中，大多在水深600～1000米的地方出没。虽然它们的分布范围极广，几乎遍及全世界，但是数量极为有限。迄今为止，人们只发现过几条皱鳃鲨，它们真可以称得上是深海隐形客。

通过水压感知方位

　　皱鳃鲨对声音和振动很敏感，能通过肌肉释放出电脉冲。同时，它们能通过检测水压来分辨方向和位置。

牙齿像针头

　　皱鳃鲨排列奇特的牙齿绝对是它们身上的一大亮点。皱鳃鲨约有300颗牙齿，全部呈三角形，像针头一样密密麻麻地填满了嘴巴。

　　更恐怖的是，皱鳃鲨的每颗牙上还有3个长齿尖。这满口恐怖的三角牙足以证明皱鳃鲨是凶猛的捕食者。皱鳃鲨主要捕食其他鲨鱼、鱿鱼和硬骨鱼。

漫长的发育期

　　皱鳃鲨的繁殖方式是卵胎生，也就是受精卵在雌性的体内发育成小鱼。据说雌性皱鳃鲨的怀孕时间特别长，需要1～2年，而且每胎只能生8～12条小鲨鱼，这应该也是皱鳃鲨数量稀少的一个重要原因吧。

极难见到

皱鳃鲨很少进入人们的视野，人类仅在19世纪末期和2007年发现过两条皱鳃鲨。这两条皱鳃鲨都是在日本海岸附近被渔民们用深海渔网捕获的。遗憾的是，它们被捕捉后不久就死去了。

有利于穿梭的背鳍

皱鳃鲨的背鳍长在它修长身体的后端，这种结构便于它们在海中做急转弯、翻腾等高难度动作。这样，皱鳃鲨就能够在海底的各种复杂地形中穿梭自如了，它们真称得上是海底的花样游泳高手呢。

加拿大无毛猫：
伴随在身边的"斯芬克斯"

埃及的狮身人面像斯芬克斯举世闻名，然而在我们的生活中，竟然也出现了一群"斯芬克斯"，它们就是加拿大无毛猫。因为人们觉得它们长得像古埃及神话中有名的狮身人面怪物"斯芬克斯"，所以给它们取名"斯芬克斯猫"。可实际上，它们虽然长相奇怪，却是一群温柔可爱的小家伙。

1966年，加拿大的一只家猫生下了一只无毛猫，这种长相奇怪的小猫后来被当作种猫，人们由此开始繁育无毛猫。和它们的名字一样，这种猫除了耳朵、嘴巴、鼻子和尾巴前段等部位有些又薄又软的胎毛外，其他部位都是光溜溜的。它们的耳朵又大又直，脸呈正三角形，颧骨突出，面颊瘦削，长得古灵精怪。

由于没有毛发的覆盖，加上全身皱巴巴的皮肤，斯芬克斯猫长得有一点另类。喜欢它们的人把它们视作罕见的珍宝，而不喜欢的人就直接称它们为"怪物"。

　　不管人们对斯芬克斯猫的外表作何感想，这种猫温顺、忠诚的好脾性是毋庸置疑的。尤其当它们还是幼崽的时候，圆圆的脸上都是皱纹，身体布满一层薄薄软软的胎毛，真是惹人怜爱。更重要的是，对于那些喜爱猫，但又对猫毛过敏的人来说，斯芬克斯猫简直就是最可爱的小天使。

　　不过，由于身体少了一层被毛的保护，斯芬克斯猫既怕热又怕冷。斯芬克斯猫的体温比一般的猫要高约4℃，也更容易出汗。由于这种高温体质，它们必须多吃东西来维持身体较快的新陈代谢。25℃～30℃的室温对它们来说是最舒适的，如果温度低于20℃，它们就会感到冷；如果温度低于10℃，那么很不幸，敏感的斯芬克斯猫会被冻死的。

三眼皮

斯芬克斯猫有三层眼皮，当它们的眼睑张开时，第三层眼皮会从旁稍稍遮盖住眼睛。当它们生病、睡觉时，这层眼皮就会缩回一部分。如果斯芬克斯猫长时间暴露第三层眼皮，就意味着它生病了。

稀有品种

斯芬克斯猫的繁育较为困难，所以它们至今数量稀少，显得十分珍贵。2005年，这种猫被认定为稀有品种。

"情绪指向标"

几乎所有斯芬克斯猫的耳朵都是朝上竖起的。只有在生气或者受到惊吓时，它们的耳朵才会垂下，并发出阵阵咆哮声。

怕冷又怕热

斯芬克斯猫不仅怕冷，也很怕晒，真是娇气得很。它们身上浅色的部位很容易被阳光晒黑。

因此，夏天一到，那些饲养斯芬克斯猫的人便又要多一项给爱宠涂抹防晒霜的艰巨任务了。

爱干净，更健康

斯芬克斯猫是特别爱干净的猫。

饭后它会用前爪擦擦胡子，小便后用舌头舔舔肛门，被人抱过就用舌头舔舔身体。除了清洁的功效，它的舌头还可以刺激皮脂的分泌，使皮肤光亮润滑，不易被水打湿，并能舔食到少量的维生素D，以补充促进骨骼正常发育的营养。

当斯芬克斯猫感到热的时候，它们就会用舌头把唾液涂抹到身上，唾液里水分的蒸发可以带走身体的热量，让自己又凉爽又干净。

中国冠毛犬：
最丑的犬类之一

见识过无毛的裸鼹鼠和斯芬克斯猫，我们再来瞧瞧无毛的狗——中国冠毛犬。2009年，一条名叫"埃莉"的中国冠毛犬在美国加州举办的"世界最丑犬大赛"中摘得桂冠。有趣的是，从2009年到2012年，这项比赛的冠军都是中国冠毛犬或者是它们与别的犬种的混血犬。

中国冠毛犬——是来源于中国的犬类品种吗？关于这一点，还真没有一个定论。西方人在为这种狗命名时，觉得它们头上的毛很像中国清朝官员的帽子，所以称它们为"中国冠毛犬"。

而关于它们的来源，有人说它们来自中国，有人说来自非洲。不过，中国冠毛犬与西方犬类截然不同的外形，还是使大多数人认为它们是源自中国的稀有品种。

　　中国冠毛犬的外形的确当得起"最丑犬"的称号。它们个头不大，体高一般不超过33厘米。它们的皮肤色彩丰富，常见的有黑底配蓝色斑块和粉红底配咖啡色斑块。中国冠毛犬分为无毛犬和粉扑犬两种，无毛的品种除头、脚和尾巴上长毛之外，全身无毛，头顶上的这一撮长毛是它们的标志。

　　虽然中国冠毛犬的毛发不多，但和斯芬克斯猫比起来，它们对温度的冷热变化具有更强的适应能力。它们身体中的中枢神经能够根据外界温度自动调节体温，就像随身携带了一台空调一样方便。

　　值得一提的是，中国冠毛犬的散热方式不同寻常。大多数狗会通过吐舌头来散热，可是中国冠毛犬的散热方式却不一般：它们和人类一样，通过汗腺排汗。而且，它们的体温比人的体温还要高2.2℃。所以，中国冠毛犬的主人们，当你被热得出汗时，也要记得给你的小狗擦擦汗哟。

不能啃骨头的狗

中国冠毛犬没有长前臼齿，所以啃不了骨头。它们没有毛发的皮肤很容易碰伤或者被尖锐的物体戳伤，不过伤口一般很快就能痊愈。

另外，由于中国冠毛犬是通过皮肤排汗的，所以主人需要经常给它们洗澡。为了保护皮肤，洗澡之后还要为它们抹上婴儿用的护肤油脂，照顾它们真的很像照顾小宝宝呢。

重现风采

中国冠毛犬的数量曾一度急剧减少，甚至濒临灭绝。但在被引入英国和美国后，这种模样奇特的狗很受当地养犬协会和俱乐部的欢迎，并收获了不少忠实的喜爱者，他们一直致力于推动这种犬的繁殖。

慢慢地，中国冠毛犬开始重新大量繁衍，维持了稳定的数量。历经各种波折的中国冠毛犬终于可以重现风采了。

"秀发" 飘飘

　　中国冠毛犬只在身体的几个部位有毛，其中头部的毛叫作冠毛，尾部的毛叫尾羽，脚腕上的毛叫短袜。所有的毛发不论垂到什么长度，都像丝一样细软。而它们身上不长毛发的部位的皮肤，柔软又光滑。中国冠毛犬，当真算得上是肌肤娇嫩、"秀发"飘飘的独特犬种啊。

神奇的繁殖规律

　　中国冠毛犬繁殖时，几乎每一窝中总会有一两只全身带毛的幼崽。如果用无毛的公犬去配全身有毛的母犬，其幼崽可能有一半无毛；如果用全身有毛的公犬去配无毛的母犬，幼崽的成活率就会很低。

狐猴:
长着一张狐狸脸的猴子

在非洲的马达加斯加岛上，有一类原始的猴子生活在美丽的雨林中。它们样貌奇特，虽然长着猴子的身体，头部却更像狐狸，因此被称为狐猴。

如今，马达加斯加岛是狐猴在地球上唯一的家园。但你知道吗？其实在很久很久以前，它们的足迹曾遍布所有的亚热带森林。可是随着时间的推移，它们的身影逐渐从地球上的其他地方消失，只有马达加斯加岛成了它们最后的避难所。

狐猴长着一双大得出奇的眼睛，像两颗发光的宝石。它们的眼睛周围是一大圈深色的毛发，看着就像一对大大的"黑眼圈"。尖尖的嘴巴使脸部的轮廓和狐狸极为相似。屁股后面那条比身体还要长的尾巴，长着浓密的长毛，像一把毛茸茸的大扫帚。当它们身轻如燕地在隐秘的雨林中穿梭时，那迅捷的动作当真如鬼魅一般，令人难以捕捉它们的踪迹。

有一种鼠狐猴，长着非常大的眼睛，几乎占据了脸的一半，耳朵和鼻腔也是大得出奇。它们目光坚定而敏锐，行动谨慎而缓慢，这是因为它们正在用视力超好的眼睛和听力一流的耳朵感知周围的一切。

它们一动不动的样子看起来好像在发呆，但下一秒，它们就能伸出爪子抓住空中飞过的蛾子。更让你想不到的是，这一切，都发生在漆黑的夜晚。

不同种类的狐猴的外形、习性不尽相同。无论是蹲在树杈间懒洋洋地晒太阳，还是偷偷摸摸地上树掏蜜，又或是在树杈之间荡来荡去，温和的狐猴就像坠入人间的小精灵一样可爱又迷人。

然而，人类对自然的开发已经使狐猴赖以生存的空间减少了90%，再加上当地人的猎杀，狐猴成了最濒危的动物之一。

指猴的中指

狐猴中的指猴拥有异于其他手指的中指。这根又细又长的中指是指猴在进化过程中得到的一件"宝贝"。有了这根手指，指猴就能很方便地从细小的洞穴裂缝中获取食物，填饱肚子。

但令人伤感的是，当地人把这根与众不同的手指与指猴泛白的脸庞、黄色的眼睛和乌黑的眼圈结合，形成了恐怖的联想，认为指猴是能够杀人的恶魔，对它们展开了猎杀。指猴的数量因此急剧减少。

"二等公民"

长着美丽长尾巴的节尾狐猴是狐猴中很常见的一种。在节尾狐猴的群体中，奉行着"妇孺至上"的古老守则，雄性作为"二等公民"，始终以照顾雌性和幼崽为自己的使命。

迥异的体形

狐猴的体形大小不一。最小的狐猴是鼠狐猴，体长约12.6厘米，体重为40～100克，有些还没人的一只手掌大呢。狐猴中体形最大的是冕狐猴，体长近60厘米，体重可达7千克。

"旱"眠

有的动物会冬眠，而小小的鼠狐猴会"旱"眠。什么是"旱"眠呢？原来，鼠狐猴会在炎热干旱的季节里睡觉，一睡就是好几个星期，什么东西都不吃。

不过，在睡长觉之前，它们会尽量大吃大喝来储存脂肪。这样，即使睡上个把月，它们也不会饿死。

大鲵：小名可爱长相怪

大鲵是3亿年前与恐龙在同一时代生活过并延续下来的珍稀物种，也是现存最大的两栖动物。

它们是最珍稀的两栖动物之一，是真真正正的“活化石”，在科学研究中具有重要的地位。因为它们的叫声和小娃娃的哭声非常相似，所以它们也被人们唤作“娃娃鱼”。

虽然名字听着挺可爱，可是大鲵的长相跟“可爱”两个字一点关系也没有。它们长着扁平的脑袋，小小的眼睛，一张大嘴里布满了又细又密的牙齿。它们的外形和蜥蜴相似，身体粗壮，四条腿也是又粗又短。大鲵最不讨人喜欢的要数它们身体表面那层棕褐色的皮肤黏膜了，上面长着斑纹，还覆有一层黏液。

这层皮肤虽然不好看，可对大鲵来说有着多方面的重要作用。首先，它是一件天然的隐身衣，可以随环境的变化呈现不同的颜色，让大鲵硕大的身躯隐藏在周围的

环境中。另外，它还是大鲵进行气体交换的重要器官。在水中时，大鲵会时常将鼻孔露出水面呼吸，而在含氧量较高的水中，它们的皮肤就可以帮助它们较长时间地待在水底。

　　凭着这不起眼的外表，大鲵在清澈的溪流和山涧中尽量使自己和水中的小石子呈现相似的颜色，这样既有利于它们伺机捕捉附近的猎物，又能躲过敌人的视线。

吃了这顿没下顿

大鲵有很强的耐饥本领，有时候即使一年不进食也不会饿死。

也许正是因为无法保证稳定的食物来源，所以大鲵在耐饥的同时还有着暴食的习惯，它们一顿可以吃下相当于自身重量的食物。当食物缺乏时，它们也会出现同类相残的现象，甚至以卵充饥。

囫囵吞枣

别看大鲵的外表像个灰头土脸的傻大个，它们的性子可凶得很。小到水生昆虫、小鱼小虾，大到螃蟹、蛇、鳖，都是它们喜欢的食物。

大鲵的捕食方式是"守株待兔"。夜晚，它们静静地守候在浅滩中，把自己隐入

环境之中，一旦发现猎物经过，就突然袭击。它们的尖牙非常锋利，猎物一旦被咬住就很难逃脱了。

不过美中不足的是，这尖利的牙齿不能咀嚼，只能一口把食物囫囵吞下，然后慢慢消化。

最长寿的两栖动物

大鲵的寿命在两栖动物中是最长的，野生大鲵的平均寿命在80岁以上，人工繁育的大鲵也可活50～60岁。

在2005年的张家界国际森林保护节上，一条名叫"笨笨"的中国大鲵亮相。当时，笨笨身长约180厘米，体重约65千克，据推算，笨笨的年龄起码在百岁以上。张家界为笨笨申请了世界最大大鲵的吉尼斯纪录，旨在唤醒人们对大鲵的保护意识。

随着大鲵笨笨年龄的增大，它变得越来越怕光、怕人。2012年，笨笨被放回张家界国家大鲵自然保护区的纯天然溶洞里安度晚年。

南象海豹：
海岸线上的巨兽

从南象海豹的名字中不难看出，这种动物一定和象有点瓜葛。那么，它们之间哪些部位有关系呢？答案是鼻子、体形和叫声。这种海豹的鼻子形状像鸡冠，伸缩自如，当它们兴奋或者发怒的时候，鼻子就会膨胀起来，还能发出非常响亮的声音，加上庞大的身躯，所以被称为象海豹。又因为它们分布在南极周围的海岸地带，所以被唤作南象海豹。和长鼻猴一样，南象海豹中只有雄性才拥有以上三个特点。

南象海豹给人的感觉总是邋里邋遢的。一方面是它们的样貌长得奇怪：不断耸动的长鼻子，充满脂肪的肥胖身体和脏兮兮的灰青色体表，令人不敢恭维。另一方面就是它们不爱卫生，一到换毛的季节，成群结队的南象海豹会挤在长有苔藓的泥坑里洗"泥巴澡"，弄得满身是泥。雄性南象海豹还有一副火暴脾气，动辄打群架，搞得伤痕累累。

除了外貌丑陋，南象海豹最令人印象深刻的莫过于它们庞大的身躯。南象海豹中，雌性身长为2.6～3米，体重为400～900千克，已经算是很大的块头了。

可是，当你看到雄性南象海豹的时候，绝对会惊讶得下巴都要掉下来——它们身长为4.5～5.8米，体重居然能够达到2000～4000千克。世界上最大的雄性南象海豹重达5000千克，与一头大型非洲森林象的重量相当，难怪能够获得"海岸线巨兽"的绰号了。

不过，别看它们的体形巨大又肥胖，身体可是出乎意料地柔软灵巧。当它们把大脑袋向着背部、尾部方向弯曲的时候，可以把身体弯成一个直角甚至更小的角度，就像经过专业的瑜伽训练似的。

自食其力

南象海豹巨大的体形注定它们必须具有优秀的捕猎技巧来满足对食物的需求。

南象海豹拥有很好的潜水能力，可以从海面下潜近2000米。这种下潜技能使得南象海豹的

捕食能力极强，它们主要以鱿鱼、章鱼、鳐鱼及鳗鱼为食。另外，在食物短缺时它们也捕捉企鹅和幼小的鲨鱼。

后肢游泳，前肢走路

像所有的海豹一样，南象海豹拥有鳍脚，每一只鳍脚有五个长蹼的脚趾，敏捷的后肢在游泳时可以快速地划水。不过，南象海豹的后肢在陆地上可就没什么用

处了，走路还得靠前肢来挪动。它们能够在短距离内迅速移动，速度可达每小时8千米，动作相当敏捷。

别站它身后

如果你有机会观察南象海豹，千万不要站在它们的身后，否则它们会对你大发雷霆。这是因为南象海豹最怕别人切断它们逃回大海的路。

"海上马拉松"

2011年，国际野生生物保护学会在智利南部火地岛的海滩上，给一只名叫杰克逊的南象海豹安装了一枚小型追踪器，只要它浮出海面呼吸，就能传出信号。

据统计，杰克逊从该海岸分别向北游了1610千米，向西游了644千米，向南游了160千米，一路穿过海峡与大陆架捕食鱼和乌贼。从2010年年底到2011年年底，它游了将近29000千米，相当于从纽约到悉尼游一个来回的距离。

澳洲棘蜥：
自带"集水器"的小蜥蜴

澳大利亚是一片生活着许多奇异生物的土地，你一不留神就可能和一些有趣的生物擦肩而过。这不，眼前的澳洲棘蜥就是其中之一。不仔细看，你可能会以为它是一根枯树枝。细细一瞧，原来这是只浑身长满棘刺，背上有一块瘤状突起的"小恐龙"呀。

澳洲棘蜥也叫澳洲魔蜥，是一种澳大利亚特有的沙漠蜥蜴。它们满身尖刺的外表容易给人一种"不好惹"的印象，实际上它们是一种很可爱的小动物。当它们受到惊吓的时候，会把自己的头埋在两条前腿之间,或者改变身体的颜色,使之与周围环境相融,把自己隐藏起来。

生活在炎热干旱的沙漠中,澳洲棘蜥有一门赖以生存的"独门绝技"——用一种非常特殊的方式来获取水资源。当夜幕降临的时候,沙漠的温度变得非常低,澳洲棘蜥的活动能力会因此受到限制而无法有效地收集水分。但是,它们的皮肤上分布着数以千计的细小凹槽。当夜晚空气中的水分在澳洲棘蜥的体表形成露水时,这些露水会顺着凹槽一直流向它们的嘴边。

这个天生的"水分收集器",使澳洲棘蜥不需要转头就能喝到充足的水,消耗最低的能量就能维持生命。而且,"水来张口"的喝水方式可以有效保持它们的伪装,降低被掠食者发现的概率。

一顿漫长的大餐

除了神奇的喝水方式外，澳洲棘蜥吃东西的方式也不一般。白天，澳洲棘蜥在沙漠里寻找蚂蚁窝。为了吃顿大餐，澳洲棘蜥会待在一个蚂蚁窝旁几个小时，用自己充满黏液的舌头不厌其烦地粘蚂蚁吃。据说，这种个头小小的蜥蜴一餐可以吃掉上千只蚂蚁。

多变的色彩

澳洲棘蜥的皮肤会随着环境的变化而发生改变。它们的体色在清晨或较寒冷的天气中，会呈现较暗的颜色；而在中午或较温暖的天气里，身体颜色会变得明亮起来。虽然澳洲棘蜥的"变装"只有几种颜色，但对于生活在沙漠里的它们来说，这几种颜色已经够用了。

澳洲棘蜥身体色彩的变化，总给人一种错觉——这可能是一种剧毒无比的动物。但实际上，它们根本没有毒。

以静制动

澳洲棘蜥具有相当敏锐的视觉。它们的行走方式和变色龙很相似,前后摇摆,一有风吹草动就会翘高尾巴并马上静止不动,使自己看起来像是一棵干枯的有刺植物,以此来躲过对方的视线。

如果掠食者继续靠近,澳洲棘蜥就会马上躲进附近的遮蔽物或者洞穴中。尽管如此,澳洲棘蜥还是经常成为各种巨蜥和鹰隼的食物。

独特的骗术

遇到危险时,澳洲棘蜥会把头部埋在两腿之间。原来,澳洲棘蜥的颈部长着一个肉瘤,上面布满了棘刺。当它们把头部低下藏在两只前脚之间时,位于颈部的突出的肉瘤就会变得十分醒目,令敌人误以为那是头部。等敌人做出错误的攻击后,澳洲棘蜥就会迅速逃走。这种欺骗敌人的战术在蜥蜴中可是独一无二的呢。

貘：

害羞腼腆的"吃梦"兽

貘是一种奇特有趣的动物，长着一副惹人怜爱的奇怪模样。

要说貘长得像猪吧，却比猪多了根长鼻子。要说它们长得像大象吧，又比大象小得多，鼻子也没那么长。另外，它们的眼睛很小，没一点神采，看起来像刚睡醒；两只耳朵中间长有一撮鬃毛，样子十分可笑。

在有蹄类动物中，貘的鼻子长度是相当可观的。貘用这个尖尖长长的鼻子来卷摘食物，轻轻松松地享受美食。当貘在潜水时，鼻子则变成了"潜水管"，可以伸出水面帮助自己呼吸。这赋予了貘高超的潜水本领，它们可以在水底步行很久而不需要浮出水面换气。在遇到天敌追赶时，这

可是保命的绝招呢。此外，这个嗅觉灵敏、不停抖动的鼻子就像一个探测仪，使貘能够在茂密的丛林里准确地寻找食物。貘习惯把鼻子贴在地上，凭借发达的嗅觉来探察对手的踪迹。

貘是一种羞怯、和善的动物，非常胆小。面对天敌的时候，它们不去攻击，只能拼命逃跑。

除了潜到水底躲藏，貘还拥有自己的逃命通道。它那楔形的脑袋和矮壮的身形适于在热带丛林的底层草木中快速穿行。有时，貘被美洲豹追赶，它们就会迅速跑向丛林中自己惯用的通道，利用对地形的熟悉把敌人甩掉。

坏脾气的贝尔德貘

    贝尔德貘是生活在南美洲到墨西哥一带的体形最大的哺乳动物。它们长约2米，高约1.05米，脸部和咽喉部是灰色的，鼻子上有一个黑点，长得凶巴巴的。而且，贝尔德貘不像其他种类的貘那么温顺，它们的脾气还挺暴躁的。要是被谁惹恼了，它们就会毫不客气地咬上对方一口，所以不要轻易招惹它们。

梦貘

    在日本的传说里，貘是一种吃"噩梦"的神兽，也被称为梦貘。

    传说，在每一个月色朦胧的夜晚，貘会从幽深的森林里走出来，来到人们居住的地方。它们到处游走，吸食人们的梦。

    貘生性胆小，所以很害怕在吃梦的时候吵醒熟睡的人们，于是它们会发出轻轻的叫声，仿佛在低声吟唱摇篮曲。人们在这样的声音中被吸走噩梦，会睡得更加香甜。

吃完人们的梦以后，貘又会悄悄地离开，回到森林中继续它们的神秘生活。

洗澡驱蚊

貘很喜欢在泥潭里打滚。因为貘没有长尾巴，所以不能驱赶蚊蝇。因此，它们只能经常在泥潭里打滚，弄得浑身泥渍斑斑的，这样不仅可以防止蚊虫的叮咬，还能有效地杀死皮肤上的寄生虫。

穿"白裤衩"的马来貘

现存的貘有5种，分别是贝尔德貘、山貘、巴西貘、马来貘以及卡波马尼貘。

除了体形最大的马来貘，其他4种都生活在美洲大陆。生活在亚洲的马来貘的体表肤色最特别：它们的头部、肩部、前肢和后肢为黑色，腹部中间至臀部的部分却是一大片白色，远远看着就像身上紧紧包裹着一条白色的大裤衩，可滑稽了。

美西螈：
色彩缤纷的"六角恐龙"

　　说实话，大多数人看到美西螈时的心情一定可以用"惊讶"来形容——这种生物真的存在吗？这完全可以理解，如果按照传统的眼光来评价，美西螈的外形绝对是怪异的。

　　美西螈也叫作墨西哥钝口螈，是墨西哥特有的一种生物。它们身长15～45厘米，身体表面一般呈带黑色斑点的深棕色。它们的脑袋两侧各长着三根毛茸茸的类似蕨类植物的"角"，看起来有几分像双脊龙，难怪会被人们称作"长着六只角的恐龙"。

　　不过，这些色彩艳丽的"角"实际上是鳃。和皮肤一样，它们都是美西螈的呼吸器官。经研究发现，这些"角"

的颜色会随着美西螈所吃食物的颜色而改变。

除了与众不同的鳃，五彩缤纷的皮肤也是美西螈的一大特色。它们的身体会由于体内基因的突变而呈现出许多不同组合的色彩：有的长着红色的鳃、黑色的眼睛，有的长着橘色的鳃、红色的眼睛，还有的甚至会出现两只眼睛一黑一红的罕见样貌……这真是让人眼花缭乱。

这些变异出来的缤纷色彩成了美西螈外形的重要点缀，甚至使它们的形象从"怪异"变成了不同寻常的"可爱"，让它们获得了很高的人气。

有人觉得它们丑陋，也有人称它们为"世界上最可爱的动物"，人们对它们的评价褒贬不一。不过，从一些美西螈的正面来看，它们艳丽的鳃、粉嫩的皮肤、圆圆的小眼睛，不像是真实世界存在的动物，更像是一个可爱的布娃娃，你觉得呢？

神奇的再生能力

　　美西螈独具特色的外形使它们成为很受欢迎的宠物，而其神奇的再生能力则吸引了科学家的目光。

　　美西螈受伤后的自愈再生能力很强。比如，美西螈的腿断了，就能在伤处长出一条新的腿，它们甚至连大脑等重要器官都能重生。它们接受外来器官的能力很强，部分个体脑移植后甚至可以完全恢复正常，这种再生能力实在是惊人。

　　不过，再生能力在美西螈幼小的时候最强，它们可以在一个月内再生任何断离的四肢。随着它们慢慢长大，这种器官再生的能力会大大减弱。

吞石而亡

美西螈的进食方式是把食物吸进嘴里。它们会突然张大嘴巴，像吸尘器一样，把任何靠近嘴巴的东西吸进肚子里去。

但这种进食方式隐藏着巨大的危险—— 美西螈有时候会把水中的沙砾、石块一起吞进肚子里，一不小心就会因无法消化石块等异物而死去。

天生"娃娃脸"

美西螈是两栖动物中有名的"幼体成熟"物种，也就是说从出生到成熟，它们始终保持着幼体的形态，是天生的"娃娃脸"。

不过，没长大的美西螈不论是鳃还是四肢都比成年美西螈短，尾巴反而更大，看起来更像是一条鱼。

大鳄龟：
像鳄鱼般凶猛的淡水龟

　　鳄龟科有拟鳄龟属和大鳄龟属2个现存属，它们因酷似鳄鱼的长相而得名。生活在北美洲的大鳄龟由于和鳄鱼更像，也被称为真鳄龟。

　　你瞧，那呈钩状的下颌、粗壮有力的四肢、铠甲一样坚硬的背壳，大鳄龟和鳄鱼相比，除了外形，连凶猛的气势都有几分相近呢。大鳄龟钩状的嘴巴和鹰嘴龟的嘴形很像，上、下颚非常锋利，这是它们最主要的攻击武器。棕褐色的背甲坚硬厚实，一般由13块山峦一样起伏的甲片纵横排列组成，简直就像一面牢不可破的盾牌。背甲上有三行突起的棱，边缘呈锯齿状突起，这使大鳄龟看起来也很像装甲龙，威风凛凛。

　　大鳄龟的眼睛很小，三角形的脑袋长在又粗又短的脖子上，显得十分笨重。头部和颈部分布着许多褐色肉突，有的长，有的短，非常难看。和脖子相反，大鳄龟的尾巴又细又长，却硬得像钢鞭一样。

　　大鳄龟是水栖的龟类，生活在淡水或者盐分较少的咸水中。它平常看起来文文静静的，喜欢长时间趴在水底的泥沙中，仿佛一位忍者。不过，有时候它们也会浮到水面散散

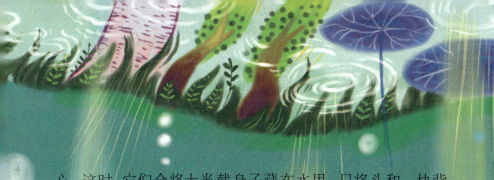

心。这时，它们会将大半截身子藏在水里，只将头和一块背甲露在水面上。借助背甲的保护色，大鳄龟看起来就像一块漂浮在水面上的木头，很难被敌人发现。

遭遇危险的时候，大多数龟类的反应都是把脑袋和四肢缩进背甲里躲起来。可是，大鳄龟的脑袋长得太大了，没法完全缩到背甲里面。既然当不了"缩头乌龟"，那就索性勇敢地向敌人发动攻击吧。

当大鳄龟觉得受到侵犯的时候，它们会毫不留情地开口咬住对方。大鳄龟的上、下颚非常有力，它是咬合力为全球前十强的物种，堪比老虎、鳄鱼等大型猛兽。它们不费吹灰之力就能咬断人的手指头。而且，它们一旦咬住对方，就不会轻易松口，好像非得让人见识见识它们的厉害不可呢。

用舌头钓鱼

大鳄龟的舌头上长有一个鲜红色的分叉状肉突，可以自由地伸缩活动，远远看去仿佛是一条扭动的蠕虫。

大鳄龟的口腔内除了舌头之外，其他部位都是便于隐蔽的深色。捕猎的时候，它们会躺在水中不动，张开嘴巴，用舌头模仿蠕虫的动作。一旦猎物进入这个陷阱，它们就会飞快地闭上嘴巴，使猎物插翅难飞。

超强的适应力

大鳄龟的适应能力很强，在寒冷或炎热的环境中都能生存。它们的最佳生长温度是27℃～30℃。当温度降至12℃以下时，大鳄龟就开始进入浅冬眠状态；当温度降至6℃以下时，它们会进入深度睡眠状态；只要温度在1℃以上，它们依然可以靠着自身积累的脂肪层正常越冬。

不可随意放生

虽然大鳄龟的生存能力很强，但由于人类的过度捕捉和贩卖，大鳄龟已濒临灭绝，于1996年被《世界自然保护联盟濒危物种红色名录》评定为易危物种。

虽然稀少，但对中国来说，大鳄龟却是地地道道的外来物种。如果将它们随随便便地放生到中国的野外水域中生活，由于体形大、攻击性强，且没有天敌，大鳄龟会对放生地区的生态平衡造成破坏，所以保护动物也要注意方式与方法，讲究科学，切不可随意为之啊。

八目鳗：
可怕的"吸血鬼"

　　八目鳗是拥有8只眼睛的鳗鱼吗？不是的，八目鳗和普通的鳗鱼一样都只有一对眼睛，其他7对"眼睛"其实是它们呼吸用的鳃孔。八目鳗靠近眼睛的身体两侧各长了7个鳃孔，看起来就像7只小眼睛。所以，八目鳗还有一个名字叫作"七鳃鳗"。

　　如果从侧面看，八目鳗除了这两排鳃孔之外就没有什么特别的地方了。可是，如果你从正面看，一定会觉得非常恐怖。对，就是八目鳗那漏斗形状的嘴巴，看一眼都让人毛骨悚然。

　　八目鳗的嘴是一个吸盘式的构造，能够吸附在别的鱼类身上；内壁长有一圈一圈黄色的牙齿，能够轻松咬开对方

的身体。更可怕的是，八目鳗连舌头上都长了牙齿——被这条舌头碰一下，可比被刀子划一刀要血腥得多。从这张构造奇特的嘴巴就能看出，它们绝对不是好惹的。

除了无往不利的血盆大口，八目鳗还有一个御敌的利器——黏液。八目鳗的黏液的主要成分是线状蛋白和黏蛋白，线状蛋白和海水混合后会膨胀，产生大量透明黏液，这种黏液可以帮助八目鳗捕食及抵御敌人的攻击。美国海军通过分析八目鳗的黏液成分，制造了一种新材料，可以用来击退鲨鱼或提供弹道防护。

凭借着又能吸附又能割肉吸血的嘴和十分有用的黏液，八目鳗在水中所向披靡，成为令绝大多数鱼类闻风丧胆的"吸血鬼"。

分"嘴"乏术

普通鱼类通过口腔进水，经过鳃裂呼吸之后再排出水。但八目鳗的呼吸方式与众不同。

因为它们需要用漏斗形的嘴巴吸附在其他鱼类身上，所以口腔不能同时用于吸水，只能直接通过7对鳃孔进水、排水，以达到呼吸的目的。

寄生的"吸血鬼"

八目鳗的幼鱼没有牙齿，靠吃微生物为生。长大之后的八目鳗开始吸附在其他生物上寄生。它们会用吸盘一样的嘴死死咬住其他鱼类的身体，甚至钻入

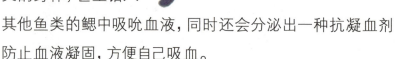

其他鱼类的鳃中吸吮血液，同时还会分泌出一种抗凝血剂防止血液凝固，方便自己吸血。

这种吸血不是一次性的，而是寄生式吸血。除了吸血，它们还会用锋利的牙齿咬噬所依附的鱼类，直至把对方吃得只剩一副骨头架子。

以毒攻毒

八目鳗的这种生存方式对其他鱼类的生存造成了巨大的威胁。例如，八目鳗进入北美洲五大湖区之后，就给当地的渔业造成了很大的损失。

科学家在寻找整治八目鳗的方法时发现了一个有趣的现象：八目鳗一旦闻到自己同类的尸体的味道，就会陷入极大的恐慌而疯狂逃窜。这种现象给了科学家灵感，也许可以尝试着用八目鳗自身，来对付这些令人头疼的"吸血鬼"呢。

"吸血鬼"变美食

八目鳗在北美洲被视为有害的鱼类，但是在葡萄牙以及亚洲的一些地区，却是相当诱人的美食。每年的3月初，正是葡萄牙人捕捞八目鳗的时候，他们甚至还为此在首都里斯本举办美食节，共同分享这份美味。

犰狳:
身披铠甲的挖洞高手

　　说到犰狳,估计大家会觉得很陌生,但如果告诉你它的别名——"铠鼠",你是不是能想象出它的模样呢?没错,犰狳的长相就和一只身披铠甲的大老鼠差不多。

　　犰狳身体表面的"铠甲"是由许多骨质鳞片组成的,每一块鳞片上都长着一层角质物质,异常坚硬,覆盖了犰狳的身体和面部。

　　虽然犰狳的身体都被铠甲包裹着,但这不会妨碍它们的正常活动。因为犰狳只有肩膀和臀部两个部位的鳞片是结成整体的,和乌龟的背壳一样不能伸缩;而胸、背部的鳞片则是一瓣一瓣的,分别生长在皮肉上面,伸缩自如。

　　有了这副铠甲,犰狳在遇到危险时就会迅速把自己蜷缩成一个球,让敌人不知道从哪里下手。

　　犰狳虽然天生胆小,却是具备最完善的自然防御能力的哺乳动物之一。根据动物学家的研究,它们的逃命手段可以概括为"一逃、二堵、三伪装"。

"三十六计，走为上计"，逃跑当然是第一选择。别看犰狳腿短，但当它们受到攻击时，便会向自己的巢穴拔腿狂奔。

如果离巢穴太远，那也不用愁——它们发达的前腿可是刨土挖洞的好工具。假设前一分钟犰狳还在你的视线之中，而下一分钟它们可能已经躲进挖好的洞穴里藏起来了。犰狳在躲进洞穴后，会用尾巴上的遁甲紧紧地堵住洞口，就像一块"挡箭牌"一样抵御敌人的攻击。

"伪装"便是前面说过的那样：把自己蜷缩成一个球，让敌人望"球"兴叹。

虽然犰狳天生具备这几招逃命的好办法，但它们不具有攻击力，这使犰狳很容易面临危险。所以它们大多白天睡觉，天黑了才起来活动，在山林、草地中过着隐秘的生活。

粉毛犰狳

　　粉毛犰狳是犰狳家族中最小的成员，周身呈玫瑰般迷人的粉色，非常漂亮。它们身材娇小，长9～11.5厘米，重仅100克左右。

　　和粉毛犰狳相反，犰狳中的老大——大犰狳的身体长度接近90厘米，仅尾巴就占身体三分之一到五分之二的长度，而它们的体重通常为27千克，最重可达32.3千克，跟一个九岁男孩差不多重呢。

随心所"育"

　　大多数犰狳一胎只产1～2只幼崽，但怀孕的九带犰狳（犰狳科动物的一种）具有一种非常独特的生理机能：一个受精卵会很快分裂为独立的两个受精卵，然后再分裂为独立的四个。

　　也就是说，原本只能生出一个犰狳宝宝的九带犰狳，现在可以生出四个。而且，由于这四个受精卵具有相同的染色体结构，因此，这一胎生出的四个小犰狳性别相同。

另外，如果怀孕的母犰狳遭遇了严重的自然灾害或者强敌的骚扰，它们可以马上暂停妊娠，不让受精卵着床，这被科学家称为"胚胎滞育"。

研究发现，熊、海豹、犰狳、食蚁兽等动物，都可以暂停妊娠，停滞的时间从几天到11个月不等。但有关这种现象的发生与其中的原理，仍然没有明确的科学解释。

"2014年世界杯"的吉祥物

生活在南美洲的南端、加勒比海滨、中美洲大陆等地区的犰狳深受当地人的喜爱。2012年9月16日，当国际足联和巴西世界杯组委会在巴西环球电视台揭晓"2014年巴西世界杯"的吉祥物时，大家发现，这只可爱的名叫"福来哥"的吉祥物就是一只犰狳呢。

加州秃鹰：
濒临灭绝的空中霸主

从北美洲科罗拉多大峡谷的上空俯瞰，你不仅能够欣赏广阔壮丽的峡谷风光，幸运的话还能一睹加州秃鹰的雄姿。

加州秃鹰是北美地区体形最庞大的一种鸟类。它们气势威武，当它们展翅翱翔在蔚蓝的天空或是傲然屹立在悬崖峭壁之上时，那矫健的身姿很难不让人注意到。这种来自"坐山雕"家族的秃鹰以腐肉为食，它们每天可以飞行250千米的遥远路程去搜寻食物，是生态系统中非常重要的物种。

加州秃鹰的长相容易令人联想到卡通片中反派角色的形象。你看，它们粉红色的脑袋上光秃秃的，一双犀利的黑眼睛寒光乍现，坚硬锋利的弯钩状鹰嘴令人心生畏惧，再加上脖颈上那一圈黑色的长毛，更增添了几分邪恶的气质。

你也许不知道，气势汹汹的加州

秃鹰也曾在种群灭绝的"鬼门关"上走过一遭，直到现在还是北美地区濒临绝种的鸟类之一。大约1.2万年前，美洲的许多大型食腐鸟类都灭绝了。加州秃鹰虽然得益于它们种类繁多的食谱而幸免于难，却也境况堪忧。

根据记录，1967年，美国政府把加州秃鹰列为濒临绝种的鸟类时，野生加州秃鹰的数量只有50～60只。虽然政府采取了很多措施禁止人们猎杀濒危的野生动物，但加州秃鹰的数量依旧在持续减少。

为了挽救这个岌岌可危的物种，美国在1987年开始执行一项自然保护运动计划——将22只加州秃鹰收入圣地亚哥野生动物园和洛杉矶动物园繁殖中心，进行人工饲养。

从1991年起，加州秃鹰的数量开始有所增长，它们又被重新放归山林。根据统计，到2022年12月，共有537只存活的加州秃鹰，其中336只生活在野外。

人类活动是影响野生动物生存的最主要因素。除了加州秃鹰，地球上遭遇灭绝危机的动物还有很多，但愿经过我们的共同努力，能够使它们和加州秃鹰一样幸运，好好地生活下去。

空中霸主

当人类开始在美洲居住时，加州秃鹰的足迹就已遍布北美地区。而如今，加州秃鹰只生活在科罗拉多大峡谷和加利福尼亚州西海岸的群山之中，并且数量还在不断减少。

它们的体重可以超过10千克，一对翅膀展开的长度可以达到3米，足足有一层楼那么高呢。除此之外，它们的寿命能达到50年，这些属性使它们成为北美洲无可争议的"空中霸主"。

被爱浇灌的秃鹰宝宝

在加州秃鹰的"婚姻"关系中，双方对"爱情"都很忠诚，并且会共同承担养育后代的责任。

它们会在繁殖期到来之前，把巢穴筑在阴暗的山洞或者悬崖的裂缝中。之所以选择这样的地方，是为了最大限度地保护秃鹰宝宝免遭其他动物捕食。

由于养育一只小秃鹰要花费大量的精力和时间，所以通常一对秃鹰在每个繁殖期只会下一枚蛋，然后全心全意地呵护它。

各种手段保平安

美国的动物保护人员为了保护濒临绝种的加州秃鹰，可以说是煞费苦心。他们为了提高野生加州秃鹰蛋的孵化率，真是费尽心血。

有的动物保护人员会把真的蛋取走，将假的蛋放入巢中，以免引起加州秃鹰父母的怀疑。经人工培育后，在蛋里面的小鹰快要破壳而出时，再将它放回巢里。

有的工作人员取走真蛋后不会放入假蛋，促使加州秃鹰"二次孵蛋"，再生一个蛋取代丢失的那个。

多年来，正是凭着工作人员的这种专业养护和不断实验的精神，加州秃鹰才能不断繁衍。

香蕉蛞蝓:
香蕉般的大鼻涕虫

漫步在北美洲四季分明、风景秀丽的温带雨林中，真让人心旷神怡。有一类大个头、黏糊糊的生物大概和我们想的一样，所以才定居在这里，每天慢悠悠地在林中散步，过着悠闲的生活。

这种生物就是香蕉蛞蝓。蛞蝓，俗称鼻涕虫，外观看起来和没有壳的蜗牛差不多。香蕉蛞蝓是全世界第二大的陆生蛞蝓。因为其身体一般呈鲜黄色，再配合两头窄、中间宽的体形，远看就像一根香蕉，这才有了"香蕉蛞蝓"这个名字。

鲜黄的体色非常漂亮夺目，不过……如果这是一根长度超过25厘米，软绵绵、黏糊糊，还能在地面上缓慢蠕动的"香蕉"，那就算不上赏心悦目了。更何况，一些香蕉蛞蝓的身体并不是漂亮的鲜黄色，而是绿色、褐色或白色，甚至点

缀着密密麻麻的黑色斑点，几乎让人以为它们是黑色的。

身材肥厚、饱含水分的香蕉蛞蝓是浣熊、蛇和鸭子等动物喜爱的食物，毕竟谁能拒绝这么诱人的美味呢？为了躲避危险，香蕉蛞蝓会把软绵绵的身体蜷曲起来藏在土壤中。万一不幸落到敌人嘴里，它们的皮肤会分泌一种黏性十足的黏液，麻痹敌人的嘴巴。

和其他蛞蝓以及它们的"亲戚"蜗牛一样，香蕉蛞蝓也是性格稳重、行动缓慢的家伙。曾经有人观察到一只比手掌还要大的香蕉蛞蝓，在两个小时的时间里居然只移动了17厘米。能这么悠哉地过日子，真是令人羡慕。

"甩手爸妈"

香蕉蛞蝓雌雄同体，一年四季都可以交配繁殖。它们的择偶标准非常苛刻，会挑生殖器大小相当的伴侣，经过长时间的交配，然后在事先挑选好的树木或者叶子上产下受精卵。和很多负责任的父母不同，香蕉蛞蝓完全就是"甩手爸妈"，产卵之后，就只管自己离开，任后代自生自灭了。

功能不同的"探测仪"

香蕉蛞蝓的头部长着两对触角，这是它们感知周边环境的"探测仪"。

较大的一对上触角可以用来侦测光源，第二对触角则用来侦测化学物质，每根触角都可以敏捷地收缩或伸展以避免伤害。

"防脱水面膜"

脱水是影响蛞蝓生存的主要问题，香蕉蛞蝓也不例外。所以，它们会分泌厚厚的黏液，形成一张保湿"面膜"。当然啦，香蕉蛞蝓的这层

黏液"面膜"不仅敷在脸上，还滋润全身，从而阻隔身体与土壤、树叶等物质的直接接触，起到防护的作用。为了保存水分，香蕉蛞蝓还会在缺水的环境中休眠，直到环境再次变潮湿为止。

无法品尝的"美味"

蛞蝓的营养成分和可食用蜗牛相同，它们肉质鲜嫩，富含数十种氨基酸和微量元素，还具有一定的药用价值，所以人们食用蛞蝓的现象并不少见。

不过，要吞食会释放黏液的香蕉蛞蝓，可不是张张嘴就能完成的事情。因为它们黏性强大的黏液，往往令人难以咀嚼、吞咽，更不用说品尝出它们究竟是什么滋味了。

达氏蝙蝠鱼：
爱"臭美"的红唇怪鱼

蝙蝠鱼是我们比较熟悉的一种海洋鱼类，性情温和，喜欢在波浪中嬉戏，深得潜水爱好者的喜爱。但是，蝙蝠鱼家族中有一类脾气古怪、喜欢臭美的小家伙，相信知道的人还不是很多，它们就是达氏蝙蝠鱼。

达氏蝙蝠鱼也叫红唇蝙蝠鱼，生活在东南太平洋的加拉巴哥群岛至秘鲁一带的海域。从它们的名字中我们就大概可以猜出这种蝙蝠鱼有什么特色。对，就是那鲜红欲滴的"性感"嘴唇。达氏蝙蝠鱼的体表颜色总体上比较暗沉，但是嘴部却是明亮夺目的鲜红色，仔细一看，还真的像是抹了口红呢。

达氏蝙蝠鱼的这张"性感"红唇嘴角向下弯曲，怎么看都是一副很不开心的样子。加上达氏蝙蝠鱼的面部表情总是那么一本正经，仿佛是在对我们这些嘲笑它们长相的人类说："这一点都不好笑。"

　　作为蝙蝠鱼的一员，达氏蝙蝠鱼的个头只有20厘米左右，身形也和其他蝙蝠鱼一样又平又扁。从宽大的脑袋到扁平的身体，再到粗短的尾巴，达氏蝙蝠鱼身体的线条轮廓显得怪异又滑稽。这还不算什么，达氏蝙蝠鱼身上的四条"腿"才是真的令人吃惊呢。

　　作为鱼类，当然不可能有真的腿，这四条"腿"其实是达氏蝙蝠鱼的胸鳍和腹鳍。原来，达氏蝙蝠鱼虽然生活在水里，但它们并不擅长游泳，只能把两条发达的胸鳍和一对宽大的腹鳍当作"腿"，在海床上摇曳生姿地"走路"。当遇到危险或者受到惊吓时，它们就会像青蛙一样跳着逃跑或者把自己埋进沙子里。

　　因为拥有鲜艳的"红唇"和四条奇怪的"腿"，达氏蝙蝠鱼声名远播，成为蝙蝠鱼中的明星。如果爱"臭美"的达氏蝙蝠鱼听到这个消息，不知道会不会稍微高兴一点呢？

用投影捕猎

　　看着达氏蝙蝠鱼的怪模样，人们不禁产生了这样的疑问：这些靠胸鳍和腹鳍"行走"的怪家伙，到底是用什么方法捕捉猎物的呢？

　　达氏蝙蝠鱼的主要食物是鱼、虾、螃蟹和其他软体动物。当达氏蝙蝠鱼发育成熟时，其背鳍会变成一个单一的刺状突出物。刺状突出物会在水中随着水流轻轻摇摆，并在海底投射出活动的影子，就好像一条正在蠕动的虫。当其他鱼儿赶着来吃这条"虫"时，达氏蝙蝠鱼就可以守株待兔，把猎物轻松吞进肚子里啦。

很丑却很温柔

　　蝙蝠鱼的外形往往比较丑陋，看起来有些吓人。可实际上，蝙蝠鱼的性情大多很温和，在水中游动的姿态也很优美，并不是人们想象中的暴力分子。所以它们也是海洋摄影师

们喜欢的模特呢。

海洋学家经过研究认为，蝙蝠鱼是能有效抑制海藻滋生的众多鱼类中的一种，它们吃海藻的能力不亚于鹦嘴鱼和刺尾鱼，甚至能吃掉较大棵的海藻。

长鼻蝙蝠鱼

达氏蝙蝠鱼有一个"亲戚"，名叫长鼻蝙蝠鱼。长鼻蝙蝠鱼有着扁扁的身体，红褐色或深棕色的体表上长着斑纹。

长鼻蝙蝠鱼的"鼻子"很长，看起来十分醒目。别以为它们的"大鼻子"和匹诺曹一样，是因为说谎变长的，其实这是它们的捕猎工具，

和达氏蝙蝠鱼的刺状突出物的功能差不多。

长鼻蝙蝠鱼的"鼻子"上有一个像天线一样的结构，当它们感到饥饿时，会趴在海床上一动不动，上上下下地摆动那根"天线"。当有小鱼因为好奇而靠近观察时，它们会迅速张开嘴，一口吞下好奇的小鱼。

儒艮：让人大跌眼镜的"美人鱼"

在安徒生的童话故事里，美人鱼是美丽善良的海的女儿。丹麦那座举世闻名的小美人鱼铜像，更是吸引了各国游客。然而，美人鱼真的存在吗？数百年来，世界各地关于美人鱼的传说总能受到极大的关注。但科学界较为普遍的观点是，童话中一半是人身、一半是鱼尾的人鱼目前为止仅仅是猜想而已，而海洋中真正存在的被称为"美人鱼"的另有其"人"，是时候揭开它们神秘的面纱啦。

人们口中的"美人鱼"其实是一种海兽，名字叫儒艮。儒艮属于海牛目儒艮科，"美人鱼"只是它们的俗称。可是，儒艮一点儿也不美，长得还挺丑哩！你看，它们有近3米长，约400千克重，体形像一只巨大的纺锤，身子大脑袋小，尾巴弯弯的，像月牙儿。它们那一对眼睛小得可怜，两个大鼻

孔顶在头上，肥嘟嘟的厚嘴唇边还挤出两颗獠牙，样子十分难看。更何况它们的皮肤颜色灰白，身上还长着稀稀拉拉的短毛，跟"美人"两个字实在沾不上边。

那么儒艮为什么会被称作"美人鱼"呢？这是因为它们在体形和生活习性上的确和人类有某些相近的地方。它们退化了的前肢——胸鳍旁边长着一对较为丰满的乳房，和人类女性非常相似。雌性儒艮生了儒艮幼崽以后，会有长达18个月的哺乳期。在喂养儒艮幼崽的时候，它们不像其他鱼类那样在水底进行哺乳，而是在海草丛中露出半截身子，用一双胸鳍抱着幼崽哺乳，就像人类母亲抱着孩子一样。人们远远地看见，经常误以为是一个女子在抱着孩子喂奶，因此儒艮才有了"美人鱼"的称号。

慢腾腾的"美人鱼"

儒艮行动迟缓，虽然常年生活在海中，但水下功夫非常一般，游泳的速度多在每小时10千米以下。要知道，同为海洋哺乳动物的海豚的速度可以达到每小时64千米呢。

因为儒艮的肉质鲜美，油能够入药，皮可以制革，极具经济价值，所以它们遭到了大量的捕杀。

大胃王

儒艮的饮食习惯很好，从不挑食，海藻、水草之类的水生植物都是它们的食物。它们的食量很大，每天要消耗相当于体重的5%～10%的食物。所以，儒艮每天把很大一部分时间花在寻找食物上。

儒艮觅食的动作和牛相似，一边向前游动，一边不停地用其大且可抓握的吻部来摄食。它们经过的地方，好像被割草机修剪过的草坪，所有植物都被吃得干干净净的，难怪儒艮会有"水中除草机"的美称。

死亡原因

儒艮是由陆生植食性动物演化而来的海洋动物，曾遭到严重捕杀。与许多海洋动物一样，已经十分稀少的儒艮急需更多的关心和保护。比起暴风雨、寄生虫和鲨鱼等天敌捕食这些自然原因，人类的猎杀、原油污染等人为因素才是导致儒艮数量减少的主要原因。

和海牛比一比

儒艮是目前海牛目中唯一仍生存于印度洋和太平洋地区的物种。它与海牛目的其他动物（如海牛）的最大区别在于：海牛的尾部呈扇圆形，而儒艮的尾部形状与海豚的尾部形状相似，都呈"Y"形。

水熊虫：

比蟑螂还要顽强的"外星"生物

在我们的印象中，蟑螂是一种生命力极为顽强的生物。不过，是时候增加点新知识了。地球上生活着比蟑螂更为顽强的生物，那就是被称为"自然界中最伟大的幸存者"的水熊虫。

水熊虫是缓步动物门动物的俗称，包含了1000多个种类。它们的体形非常小，大部分体长不超过1毫米。最小的一种水熊虫初生时体长只有50微米，也就是0.05毫米；最大的一种水熊虫体长也仅有1.4毫米。

所以，观察水熊虫必须使用显微镜。啊，不看不知道，这一看真是要吓一跳——水熊虫长得也太丑了吧。

水熊虫被角质层覆盖的身体在显微镜下有一种金属般的质感。它们身形饱满，长着四对又粗又短的腿，腿的末端长着形状丑陋的爪子、

吸盘或是脚趾。不
过，难看归难看，它们圆滚滚的体
形和熊倒有几分相似。

　　水熊虫可不是靠着这副被戏称为"外星终结者"的形
象而出名的，它们之所以被人们关注还是因为其超乎寻常
的生命力。

　　水熊虫能够在地球上极端恶劣的环境中繁衍生息，无
论是极寒、高温还是高辐射环境，都奈何不了它们。

　　不仅如此，2011年，欧洲空间局利用无人宇宙飞船将
这种地球上最古怪、最顽强的生物送入了太空，进行12天
的太空环绕之旅。

　　这次试验可不是你想得那么简单——科学家没有把水
熊虫放在太空舱内部，而是直接将它们暴露在舱外。研究
结果非常惊人：水熊虫是人类迄今为止发现的唯一一种可
以在真空和太阳辐射的双重严酷条件下存活的动物。

　　这种超出常人想象的顽强生命力，让人不禁猜想：水熊
虫大概是来自外太空的生物，它们的生命力也太顽强了吧！

挑战生命极限

水熊虫对恶劣条件的忍耐力极强。

在-200℃的环境中,水熊虫依然能够顽强地存活几天;在151℃的高温环境中,它们还可以存活2分钟。

面对压力,有些水熊虫的忍受限度是6000个大气压——即使是全球最深的马里亚纳海沟的水压的6倍也没法把它们压扁。

最令人瞠目结舌的是水熊虫对辐射的承受力:它们能够承受的辐射是其他动物的1000倍。

所以,即使是世界上所有的原子弹一起爆炸也不会对水熊虫造成伤害。除了"宇宙无敌铁金刚",还有什么称号配得上这么顽强的生命呢?

从沉睡中醒来

水熊虫的生命力无比顽强,而且没有天敌,它们无论在冰冻、干燥的环境下，还是在饥饿、缺氧的情况下，都可以最大限度地生存下去。例如遇到干旱时，它们会停止一切运动，并将身体中的含水量由正常状态下的85%降至3%，就好像把自己变成了沉睡的"木乃伊"，等环境好转时，再让身体复苏。

此外，水熊虫还可以产生蛋白质去替代缺失的水分，从而更好地适应生存的需要。如此顽强的生命力，实在是让人佩服得五体投地。

遍布天涯海角

正是因为水熊虫仿佛外星生物般，具有顽强的生命力，它们的足迹遍布天涯海角。

它们生活在淡水的沉渣、潮湿的土壤以及苔藓植物的水膜中，少数种类生活在海水的潮间带。

无论是在北极还是热带，无论在深海还是"世界屋脊"喜马拉雅山脉，人们都可以找到水熊虫的踪影。

石头鱼：
水中"毒石头"

　　石头鱼是毒鲉科鱼类的俗称，听这名字就知道，石头鱼是有毒的，而且是自然界中毒性最强的鱼类。

　　石头鱼个头不大，一般体长约30厘米，重500克左右。它们的身体厚实圆润，皮肤上分布着很多瘤状的疙瘩，和癞蛤蟆的皮肤很相似。一双小眼睛长在它们的背上，上方是凸起的，下方却深深地凹陷，看着别提有多别扭了。

　　石头鱼身体的颜色会随着环境的不同而发生变化，因此它们可以像变色龙一样通过色彩的伪装来蒙蔽敌人。所以，有的石头鱼色彩鲜艳，仿佛艳丽的植物；有的石头鱼浑身布满灰色斑点，好像水底的石子；还有的焦黑之中带点橙黄色，像极了不起眼的礁石。

　　有了这副外表，石头鱼就可以静静地蛰伏在海底的礁石堆里，或者栖息在海中的岩壁上，轻轻松松地躲过敌人的视线。

　　如果一不小心伪装失败，被敌人发现，石头鱼就会使出"撒手锏"。它们的背部有12～14根像针一样锐利的鳍，鳍的下方生长着毒腺，每一条毒腺都直接通到毒囊。当石头鱼受到敌人侵犯，把毒鳍刺向对方时，毒囊受到挤压，里面的毒液就会顺着毒腺注入背鳍，让被刺中的敌人痛不欲生。

　　石头鱼身上的毒性在自然界中可是颇有名气的，如果人类被它们刺中，就会很快中毒并伴随着剧烈的疼痛，饱受折磨直到死亡。这种可怕的"致命一刺"被人们描述为"给予人类最疼的刺痛"。

可怕的毒液

石头鱼是毒性最强的刺毒鱼类之一。人被石头鱼刺伤后，除了出现剧烈阵痛、伤口红肿溃烂和麻痹等症状外，还会出现心力衰竭、精神错乱、呼吸困难甚至死亡的严重后果，石头鱼的毒性实在不能小觑。

挡不住的美味

石头鱼虽然丑陋又身带剧毒，但它们肉质鲜嫩，没有细刺，营养价值很高。

明代医药学家李时珍撰写的《本草纲目》中记载，石头鱼能够治疗筋骨痛，具有滋补作用。

去除有毒的背鳍后加以烹饪，石头鱼就成为一道美

味佳肴了。不过，对于这种食用风险较大的美食，还是需要由专业厨师来处理、烹制。

石头鱼的传说

传说在上古时代，天空中突然出现了一个大窟窿，人类顿时陷入了无边的灾难中。女娲娘娘看到后非常焦急，流下了难过的泪水，眼泪滴落在土地上，竟变成了五彩斑斓的石头。

看到这些石头，女娲娘娘有了主意。她把这些彩色的石头带到天上，用来填补那个大窟窿。

可是有一天，女娲娘娘在补天时，不小心让其中一粒彩石掉进了大海，这粒有神力的彩石便在大海中等待女娲娘娘把它捡回去补天。可是，女娲娘娘忙着补天，完全忘记了这粒掉进海里的彩石。

最后，天被补好了，可那粒彩石却依旧在等着女娲娘娘。小彩石等啊等啊，这一等就是几千年。后来，它就幻化成了长得像彩色礁石一样的"石头鱼"。

大足鼠耳蝠：
长着"鱼钩"脚的蝙蝠

蝙蝠是我们生活中很常见的一种益兽，还因为读音与"福"相同而在我国的民俗文化中占有一席之地。可是说实话，它们的长相让人不敢恭维：和老鼠一样尖尖的脑袋，浑身包裹着漆黑的皮毛……看到它们在昏沉的暮色时分四处飞翔猎食，还真是有一种难以言说的诡异感呢。

在其貌不扬的蝙蝠家族里，有一位成员因为一双大脚而小有名气，这就是大足鼠耳蝠。和名字一样，大足鼠耳蝠长着一双与娇小身材十分不协调的大脚。

要知道，一只成年大足鼠耳蝠的体长为6～6.5厘米，而它的一双大脚就有2厘米长。其实，这对后足的脚掌很小，只是脚趾又长

又尖，非常锋利，看着
像鱼钩似的。

为什么大足鼠耳蝠会有这样一双古怪的大脚呢？根据达尔文"物竞天择，优胜劣汰"的理论，这双大脚一定让大足鼠耳蝠具有了某种生存上的优势。

原来，大足鼠耳蝠是世界上为数不多的几种食鱼蝙蝠之一，也是迄今为止在亚洲发现的唯一一种食鱼蝙蝠。想吃鱼就得去捉鱼，要捉鱼就得下水。可是，它们的皮毛没有丝毫的防水能力，一旦扎入水中，那还不得被鱼吃了呀？为了在保障生命安全的同时又能吃到滋味鲜美的小鱼，大足鼠耳蝠就进化出了这双形状弯曲而趾甲锋利的大脚。一旦有鱼跃出水面，大足鼠耳蝠双脚一抓，就能享用一顿大餐啦。

从粪便里看习性

为了探究大足鼠耳蝠的习性,科学家可是费了九牛二虎之力。

虽然科学家怀疑过大足鼠耳蝠的这双大脚可能是用来捕鱼的,但因为可以用于研究的样本太少,所以没能找出有力的证据证明它们吃鱼的饮食习惯。2002年,中国的一位动物学家在北京捕获了15只刚刚捕食归来的大足鼠耳蝠,并收集了很多新鲜的蝙蝠粪便。经过对这些粪便样本进行化验和分析,果然找到了一些尚未被消化的鱼鳞。同时,鱼类专家还证实,这些鱼鳞至少来自三种鱼。

超声配大脚,捕鱼有高招

大足鼠耳蝠发出的超声波,能量十分有限,这样,它们就不可能通过超声波来定位水下猎物的位置。

那么,大足鼠耳蝠究竟是怎么捉到鱼的呢?原来,这种能量微弱的声波只适合在开阔而安静的环境中使用。

如果大足鼠耳蝠在近地面捕食昆虫，地面产生的回声会掩盖由猎物反射而来的回声，产生干扰效果，大足鼠耳蝠就无法判断猎物的具体方位。

而相对平静的水面，对大足鼠耳蝠来说干扰要小得多。鱼儿在水面产生的细小波纹或是偶尔露出水面的背鳍，都逃不过大足鼠耳蝠那敏锐的"超声定位系统"。

一旦发现猎物的踪迹，大足鼠耳蝠就伸出那鱼钩似的后足，在滑行中完成捕鱼的动作，一次完美的狩猎就结束了。

中国特有

中国特有的蝙蝠——大足鼠耳蝠，是继墨西哥兔唇蝠、索诺拉鼠耳蝠之后，被发现的又一种食鱼蝙蝠。这表明，动物的某一类特殊的生活习性可以在不同地区，各自独立地发展起来，这对于动物行为的科学研究具有重要的意义。

盲蛇:
像蚯蚓的无毒蛇

现实生活中,那些披着鳞片吐着信子蜿蜒游走的蛇总会让人不寒而栗,尤其是它们黑亮的小眼睛中透露出的冷酷气息,实在让人害怕。

但是,你们知道吗?大自然中居然还有这样一种蛇:它们全身覆盖着异常细小的鳞片,小到让人看不出来,仿佛那只是一层皱巴巴的皮肤。最令人惊讶的是,这种蛇居然是瞎子!这样的一副尊容,难怪盲蛇经常会被误认为大型的蚯蚓了。

其实,盲蛇虽然看不见,但还是有眼睛的。只不过,这对眼睛已经退化成很小的两个黑点,还被一层透明的薄膜

覆盖。而这种生理构造，是由它们的生活习性决定的。

盲蛇喜欢窝在地下，常年在伸手不见五指的地底下活动，眼睛似乎就没有什么用处了。而且，暴露的双眼还有可能被石头碰伤，因此，盲蛇的眼睛就退化得越来越小，直到变成两个小黑点，还长出了一层薄膜覆盖住双眼，保护眼睛不受伤害。毫无疑问的是，它们小得可怜的双眼退化得很严重，失去了原有的功能。

正因为这样，相较于其他蛇类给人的恐怖印象，盲蛇只是看起来丑了些，却一点儿也不凶狠。的确，盲蛇的性格是非常温和害羞的。大多数时候它们都生活在地下，靠吃蚂蚁、白蚁等小昆虫为生，久而久之连牙齿都已经退化得几乎看不见了。不过，盲蛇的食性对农作物来说可是有益无害的，而无毒的特点也使它们的形象更加可亲。

闲来无事的雨后时分，盲蛇还会爬出洞穴出去散步溜达。假如你在野外和它们相遇了，完全不用害怕。

盲蛇的呐喊：我不是蚯蚓！

大多数盲蛇体形又细又短，还擅长挖洞，因此又被称为"铁丝蛇"，因为这样的外形也常被人们误认为蚯蚓。如果盲蛇会说话，肯定会委屈得大喊："我不是蚯蚓！"其实只要仔细观察，盲蛇和蚯蚓还是有很大的区别的。

首先，盲蛇浑身上下布满了由鳞片组成的盔甲，蚯蚓可没有；其次，盲蛇与其他蛇类一样，通过鳞片的开合扒住地面以S形路线前进，乍一看像是在地面上游动，速度也很快，而蚯蚓只能通过身体的环节前后蠕动来实现爬行，不仅姿态不优美，速度也很慢。

"盲"眼也有大作用

盲蛇的生存环境导致它们的眼睛退化了，但这并不意味着它们的眼睛毫无用处。

虽然看不清具体的影像，但盲蛇的眼睛对光线十分敏感。一旦盲蛇不小心来到了明亮的地面上，它们总是会在第一时间反应过来，然后立刻挖洞钻回地下。

由此可见，对既没有牙齿也没有毒性的盲蛇来说，这对"盲"眼也是自我保护的重要器官呢！

"女儿国"

盲蛇家族中有一种钩盲蛇，其家族成员几乎都是雌性。你也许会问，只有雌性还怎么繁衍后代呀？

其实，这是一种被科学家们称为"单性繁殖"的特殊繁殖现象。也就是说，钩盲蛇不需要异性的帮助就能生小宝宝！只要钩盲蛇发育成熟，就可以做妈妈了。

这种奇特的现象是不是让你想到了《西游记》中的女儿国呢？

豪猪：
背负"利箭"的啮齿动物

熊猫不是猫，马蹄蟹不是蟹……和这些动物一样，豪猪也不是猪。虽然被称为豪猪、箭猪，但这种动物却和老鼠有着近亲关系，是体重仅次于水豚、河狸的大型啮齿类动物。

豪猪的头部形状很像兔子，但耳朵比兔子小得多，听力也不像兔子那般灵敏。虽然长着一个小脑袋，但它们的体形可不小，一般都超过半米，身形肥壮，难怪会被称作"猪"。黑色的皮毛、强壮的身体和不发达的视觉、听觉，使豪猪看起来笨头笨脑的。

不过，当你看到豪猪身上那一片黑白相间的棘刺时，可不能对它们抱有轻视的态度了——这可是豪猪赖以生存的防身武器，威力不小呢。

这些中空、坚硬又锋利的棘刺分布在豪猪的

背部、臀部和尾部，最粗的有筷子那么粗，最长的有将近半米，在哺乳类动物中豪猪的棘刺可是首屈一指的。

平常的时候，这些棘刺贴附在豪猪的身体表面，一旦遇到紧急情况，它们可就抖擞精神上场了。豪猪在遭遇袭击的时候，不会马上逃走或者轻易发动攻击，而是用嘴巴发出"噗噗"的声响，把背部和臀部对着敌人，全身的棘刺会竖立起来并快速地颤动。一身的棘刺互相碰撞，发出"唰唰唰"的声音恐吓对方。

如果碰到不太识相的敌人，豪猪还会倒退身体刺向对方，让它们好好受一顿皮肉之苦。

豪猪的棘刺十分锐利，还带着倒钩，一旦被扎中，那滋味可不好受呢。大多数食肉动物都深知豪猪的厉害，所以从不敢轻易招惹它们。

带着棘刺出生

看着豪猪那满身的刺，肯定会有人问："那豪猪妈妈是怎么把小豪猪生下来的？它们不会因此受伤吗？"

其实，小豪猪刚出生的时候，这些棘刺都是又短又柔软的，大约10天以后才会逐渐变硬。但有些美中不足的是，豪猪的棘刺虽然锐利，却很容易脱落，所以得小心保护才是。

来自尾巴的警告

豪猪科下面分帚尾豪猪亚科和豪猪亚科。其中豪猪亚科内的家族成员一般尾巴较短，被坚硬的棘刺覆盖着，尾巴梢上"武装着"一丛丛中空的末端有开口的刚毛。

当豪猪摇摆尾巴时，会发出"咔嗒咔嗒"的声响，以此警告那些想要骚扰它的动物："不要靠近，否则尖刺伺候！"

不可硬拔

豪猪的刺上带有细细的倒钩，一旦被刺中，如果硬拔，可能会生生带下一块肉来。正因为这样，其他动物一般不会轻易招惹这个"刺头"。

如果人类在野外活动时，不小心被豪猪的刺扎到，千万不要自行处理，最好赶紧去医院，否则很容易造成二次伤害。

豪猪理论

心理学中有个著名的"豪猪理论"：寒冷的冬天，一群豪猪挤在一起取暖，可是却为相互间应该保持多少距离而苦恼。如果它们离得太近，就会被各自的棘刺扎得很疼，离远了又不暖和。

经过几次磨合，它们终于找到了合适的距离——在最轻的疼痛下得到最大的温暖。这恐怕也是人际关系中的分寸感——保持适当的距离才能令人感到舒适又温暖。

招潮蟹：
"精通算术"的节肢动物

　　漂亮的蝴蝶、美丽的花朵、庄严的宫殿……在人们的印象中，对称的事物是那么匀称、美观。尤其是对动物来说，对称是外形美观与否的重要标准——大小眼、长短腿总是不太讨人喜欢的。然而，在热带、亚热带海域的温暖海滩上，生活着一种外形极不对称却还"横行霸道"的小家伙——招潮蟹。

　　招潮蟹属于十足目沙蟹科，招潮蟹属是沙蟹科中十分重要的一个属。招潮蟹属中的动物最大的特点就是有一对大小悬殊的螯（我们通常所称的蟹钳）。乍一看，招潮蟹的一只螯又大又长，长度可以达到蟹甲壳直径的三倍以上；而另一只呢，又小又短，在大螯的衬托下显得可有可无。这使得招潮蟹的形象看起来滑稽又别扭，这难道是"造物主"开的玩笑吗？

当然不是！招潮蟹的大、小螯只出现在雄性身上，雌性的一对螯都很小。在这对不对称的螯中，小的那只螯被称为取食螯，是用来刮取淤泥表面富含藻类和其他有机物的小颗粒的"餐刀"；大的那只螯因其独特的功能被称为交配螯，其艳丽的色彩可以用来吸引异性。

你瞧，这只威武的大螯横在招潮蟹的前胸，是不是很像武士的盾牌，显得威风凛凛呢？而且，如果你试着换个视角欣赏它，也许还会觉得它另类得可爱。

有趣的是，这对螯的大小不是终身不变的，而是可以"此消彼长"的。在某些时候，如果雄性招潮蟹不幸失去了大螯，那么伤处就会长出一只新的小螯。而让人惊奇的是，原来的那只小螯居然会慢慢长成大螯，并发挥大螯的作用。具有这样的能力，"长短腿"的招潮蟹还真是令人羡慕。

独特的"招潮舞"

在求偶时，雄性招潮蟹常在潮间带活动，挥舞着大螯做各种表演，吸引雌性招潮蟹。因为这个动作很像是在召唤潮水，所以有了"招潮"的称呼。

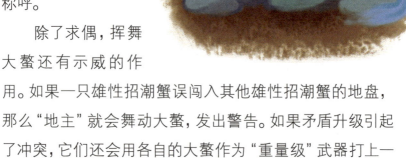

除了求偶，挥舞大螯还有示威的作用。如果一只雄性招潮蟹误闯入其他雄性招潮蟹的地盘，那么"地主"就会舞动大螯，发出警告。如果矛盾升级引起了冲突，它们还会用各自的大螯作为"重量级"武器打上一架呢。

天生的"数学家"

招潮蟹生活在滩涂的洞穴中。澳大利亚的科学家发现，招潮蟹的活动始终以它们的洞穴为中心。当它爬出洞穴到外边爬行时，常常将它的洞穴作为参照物。

那么，招潮蟹究竟是怎么回家的呢？研究发现，招潮蟹回巢时不会像其他动物那样寻找路径上的标记，而是依赖于

它大脑中与生俱来的数学天赋。

招潮蟹每走一步，都会重新计算洞穴的位置、行走的步数和方位。通过精准的洞穴定位，招潮蟹就不会在躲避敌害或者涨潮时手忙脚乱，进错家门了。

"雷打不动"的生活规律

招潮蟹的生活十分有规律，退潮时分出门，涨潮时分回家。此外，它们还能准确无误地依据天色变化身体的颜色。白天的时候，招潮蟹的体色浓重鲜艳；夜晚来临时，它们的体色逐渐变浅变淡，这种变化和每天海水的涨、落潮时间相互吻合。

不得不说，这种非常奇特的生物钟决定了招潮蟹极为规律的生活节奏。就算被安置在没有潮涨潮落和昼夜之分的环境，甚至是不同的时区，招潮蟹也能非常"淡定"地倒时差，该干啥就干啥，生活的规律真可谓"雷打不动"。

图书在版编目（CIP）数据

我是一个丑八怪 ／ 张康编绘．－－ 杭州 ：浙江人民
美术出版社，2024.9
（奇妙知识面对面）
ISBN 978-7-5751-0079-3

Ⅰ．①我… Ⅱ．①张… Ⅲ．①科学知识－青少年读物
Ⅳ．① Z228.2

中国国家版本馆 CIP 数据核字 (2024) 第 006489 号

策划编辑 褚潮歌		**责任校对** 钱偎依	
责任编辑 杜 瑜		**整体设计** 米家文化	
责任印制 陈柏荣			

奇妙知识面对面
我是一个丑八怪
张康 编绘

浙江人民美术出版社出版·发行

杭州市环城北路177号

电话：0571-85174821　　经销：全国各地新华书店

制版：杭州米家文化创意有限公司　印刷：浙江新华数码印务有限公司

开本：889mm×1194mm　1/32　印张：4.75　字数：90千字

版次：2024年9月第1版　印次：2024年9月第1次印刷

ISBN 978-7-5751-0079-3　　定价：35.00元